Kevin Duncan

DAS BUCH DER
IDEEN

50 Wege, um Ideen effizient
zu produzieren

MIDAS

Das Buch der Ideen
50 Wege, um Ideen effizient zu produzieren

3. Auflage

© 2016 Midas Management Verlag AG
ISBN 978-3-907100-62-2

Bibliografische Information der Deutschen Nationalbibliothek

Die Deutsche Nationalbibliothek verzeichnet diese Publikation in der
Deutschen Nationalbibliografie; detaillierte bibliografische Daten sind
im Internet abrufbar über http://dnb.d-nb.de

Übersetzung und Bearbeitung: Claudia Koch, Kathrin Lichtenberg
Layout und Typografie: Ulrich Borstelmann, Dortmund
Cover und Buchgestaltung: Gregory C. Zäch

The Ideas Book, © Kevin Duncan | LID Publishing Ltd. 2014
Alle deutschen Rechte vorbehalten

Copyright dt. Ausgabe © 2015 Midas Management Verlag AG
Dunantstrasse 3, CH-8044 Zürich

INHALT

VORWORT 5
EINFÜHRUNG 7

TEIL EINS: VORBEREITUNG: IDEEN GENERIEREN
1. Der Briefing-Stern 12
2. Das richtige Medium 14
3. Der Tischplan 16
4. Das Dreieck des dritten Ortes 18
5. Richtige Zeit erwischt? 20
6. Die Dauer 22
7. Das Methoden-Flussdiagramm 24
8. Der richtige Anreiz 26
9. Die Hausaufgaben-Checkliste 28
10. Die Regeln für die Mitarbeit 30

TEIL ZWEI: GENERIEREN ERSTER IDEEN
11. Drei Gute, Drei Schlechte 36
12. Denken Sie in der Box 38
13. Die Augen der Experten 40
14. Kategorienstehlen 42
15. Bilderplattformen 44
16. Zufällige Wörter 46
17. Was ist angesagt? 48
18. Ein anderes Licht 50
19. Übertreibung und Mangel 52
20. Analogie-Sprungbrett 54

TEIL DREI: ENTWICKELN UND VERSTEHEN VON IDEEN
21. Pflastersatz 60
22. Konzeptuelles Mischen 62
23. Fremd oder Vertraut? 64
24. Viereckenrundgang 66
25. Überflieger 68

26.	Die Enthüllung	70
27.	Trainieren Sie Ihren Tiefengeist	72
28.	Von Enten zu Tode gepickt	74
29.	Post-It-Abstimmung	76
30.	Lass es sein	78

TEIL VIER: BEWERTEN VON IDEEN

31.	Die Potenzialpyramide	84
32.	Der Entscheidungskeil	86
33.	Das Bewertungsdreieck	88
34.	Das Originalitätstableau	90
35.	Das Ideen-Relevanz-Diagramm	92
36.	Die Ideen-Mut-Skala	94
37.	Die Chance-auf-Erfolg-Achse	96
38.	Das Zentrale-Idee-Satellitensystem	98
39.	Die drei Eimer	100
40.	Das Prä-Mortem	102

TEIL FÜNF: UMSETZEN VON IDEEN

41.	Das Motivationsdreieck	108
42.	Die Geschehenspyramide	110
43.	Der Vorhersage-der-Annahme-Keil	112
44.	Die Ideen-Prioritäts-Matrix	114
45.	Der Box-Planungsprozess	116
46.	Der Kreislauf der Verantwortung	118
47.	Der Kreislauf der Bekanntmachung	120
48.	Die Frühe-Panik-Linie	122
49.	Der Phasen-Durchführungsplan	124
50.	Die Ideen-Energie-Linie	126

ANHANG	128

VORWORT

Der kanadische Journalist Malcolm Gladwell ist für die Popularisierung einer Reihe interessanter Ideen verantwortlich: In seinem bahnbrechenden Buch *The Tipping Point* lehrt er eine ganze Generation von Lesern, die Bedeutung der sozialen Diffusion darüber zu schätzen, was Dinge populär macht. Es ist ganz egal, dass die Sozialwissenschaft seine Interpretation der Literatur zu diesem Thema im Großen und Ganzen ablehnt. Ein faszinierendes Nebenprodukt ist die offensichtliche Legitimität, die *The Tipping Point* dem »Cool-Hunting« beimisst – der Praxis von Unternehmen, mit den coolen Kids herumzuhängen (vor allem mit armen Kids aus benachteiligten Gegenden), um über ihre »einflussreichen« Entscheidungen und Vorlieben, Frisuren und Turnschuhmarken zu berichten.

In *Überflieger* holt er eine weitere interessante, aber umstrittene Idee aus dem dunklen Keller der Sozialwissenschaft: die Idee, dass man 10.000 Stunden üben muss, um Meisterschaft zu erwerben – in der Musik, dem Sport oder auf einem anderen Gebiet, das man durch Übung erlernen kann. 10.000 Stunden ist die magische Zahl (und der Titel eines der Kapitel in seinem Buch). Übung macht den Meister, wie man so sagt.

Das ist eine wichtige und bemerkenswerte Idee, denn wie Anders Ericsson (Professor an der University of Colorado und der Psychologe, dessen Artikel *The Role of Deliberate Practice in the Acquisition of Expert Performance* von 1993 die Quelle dieser Idee ist) sagt: *»Viele Eigenschaften, von denen man einst glaubte, dass sie Talent widerspiegeln, sind eigentlich das Ergebnis intensiver Übung über mindestens zehn Jahre.«*

Die von Ericsson erwähnte Studie stammt von Berliner Psychologen, die Violinisten analysiert haben. Autoren wie Daniel Coyle und Gladwell selbst verfolgen diesen Ansatz aber auch in anderen Kontexten. Gladwell führt an, wie bedeutend die Hamburger Zeit vor dem Durchbruch der Beatles für deren Entwicklung als Musiker und Künstler war. Andere verweisen auf Sportler, für die diese Regel ebenfalls gilt (das Arnold-Palmer-Zitat »*Je mehr ich trainiere, umso mehr Glück habe ich.*« wird immer wieder angebracht, wenn es um den Sport geht).

Aber reicht das, um großartige Ideen zu haben? 10.000 Stunden der Ideenfindung? Einfach viele haben und einige davon werden schon gut sein?

Ähm, nein. Nicht direkt.

Aus zwei Gründen:

Erstens sind diese 10.000 Stunden nicht so wörtlich zu nehmen, wie Sie glauben – Ericsson weist in seiner wütenden Antwort auf Gladwell darauf hin, dass 10.000 Stunden der Durchschnitt sind und es auf beiden Seiten dieses Wertes eine große Streuung gibt. Viele der besten Künstler in der Studie hatten »deutlich weniger« Übungsstunden vorzuweisen.

Zweitens ist die Qualität der Übungen wirklich wichtig. Es geht nicht um irgendwelche Übungen. Sie müssen gute Routinen trainieren und gute Methoden zur Ideenentwicklung haben, wenn Sie es auf diesem Gebiet zur Meisterschaft bringen wollen.

Und da setzt Kevins neuestes Buch an: Es ist wie ein Trainingslager für Leute, die großartige Ideen haben wollen.

Er hat es geschafft, viele der wichtigsten Werkzeuge und Routinen zusammenzufassen, die Ihnen beim Entwickeln guter Ideen helfen. Einigen bin ich selbst noch nicht begegnet und einige hatte ich komischerweise immer als »natürlich« angenommen (d. h. es sind Routinen, die ich inzwischen völlig verinnerlicht habe).

Ganz egal, ob Sie Anfänger oder Großmeister sind, SIE müssen einfach nur üben, üben, üben...

Mark Earls
Autor *Herd* und *I'll Have What She's Having*

EINFÜHRUNG

Nach den äußerst ermutigenden Reaktionen auf *Das Diagramme-Buch* halten Sie nun *Das Buch der Ideen* in Ihren Händen.

In Bezug auf Ideen gibt es viele Denkschulen.

1) Es ist schwer, Ideen zu finden.
2) Es ist schwer, von selbst auf Ideen zu kommen.
3) Ideen kommen leicht auf, es ist aber schwer, sie umzusetzen.
4) Kleine Ideen kommen leicht auf, große jedoch sind schwieriger.
5) Noch schwieriger ist es, sich in Gegenwart anderer Leute Ideen auszudenken.

Dieses Buch soll Ihnen bei all diesen Dingen helfen. Es erläutert, wie Sie Ideen visuell generieren und wie Sie sie effektiv beurteilen und in die Tat umsetzen.

An den Techniken können Sie allein arbeiten. Oder Sie setzen sie ein, wenn Sie zu einem Brainstorming einladen.

Viele der Ratschläge basieren auf visuellen Formen – einem schnellen und effektiven Weg, um Gedanken freizusetzen, die sich schriftlich nur schlecht ausdrücken lassen.

Jede Idee wird auf einer Doppelseite gezeigt, einfach erklärt und von einer kurzen Übung begleitet, die Ihnen hilft, die Idee auf Ihre Situation anzuwenden.

Viel Glück und lassen Sie mich wissen, wie Sie zurechtkommen.

Kevin Duncan
kevinduncanexpertadvice@gmail.com
theideasbook.net

TEIL EINS

VORBEREITUNG:

IDEEN GENERIEREN

EIN HINWEIS

BEVOR SIE IDEEN GENERIEREN

Ideen leiden unter zwei Extremfällen:
Es gibt nicht genug und es gibt viel zu viele.

Es ist möglich, dass völlige Fantasielosigkeit zu überhaupt keinen
Ideen führt, aber das ist ziemlich unwahrscheinlich.

Es ist außerdem möglich, dass eine Ideen-Sitzung Hunderte von
Ideen erbringt – alle unpraktisch, unrealistisch und einfach nur
sinnlos.

Der Trick beim Generieren einer sinnvollen Anzahl, die wirklich
genutzt werden kann, liegt in der Vorbereitung.

Teils ist es gesunder Menschenverstand, teils ist es Arbeit und vor
allem sind es schwierige Entscheidungen und Hartnäckigkeit.

Schon eine einfache schlechte Komponente – ein schrecklicher
Raum oder ein ungeeigneter Teinehmer – kann die ganze Sache
ruinieren.

HINWEIS: *Teil 1 dreht sich vor allem darum, mit anderen zusammenzuarbeiten und insbesondere Brainstormings einzuberufen. Falls Sie allein arbeiten, könnten Sie direkt zu Teil 2 übergehen, obwohl die Stringenz hinter dem Prinzip »informiere dich selbst« sicher trotzdem gilt.*

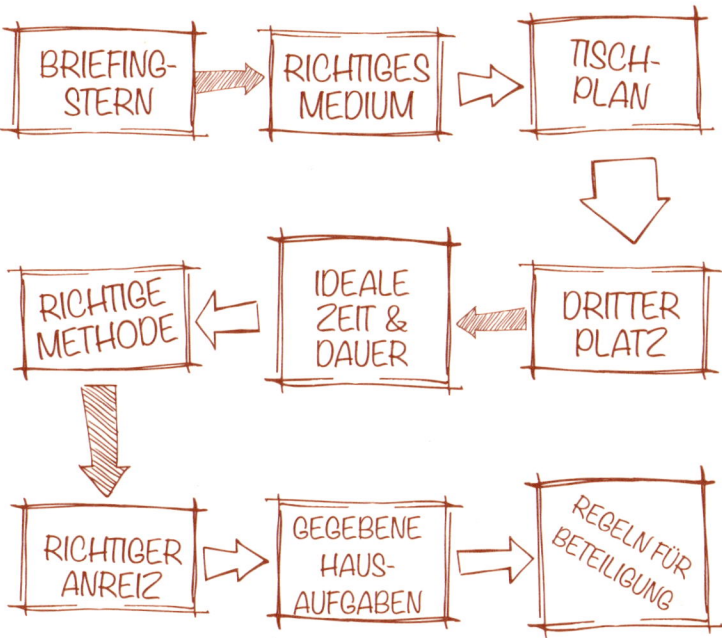

1. DER BRIEFING-STERN

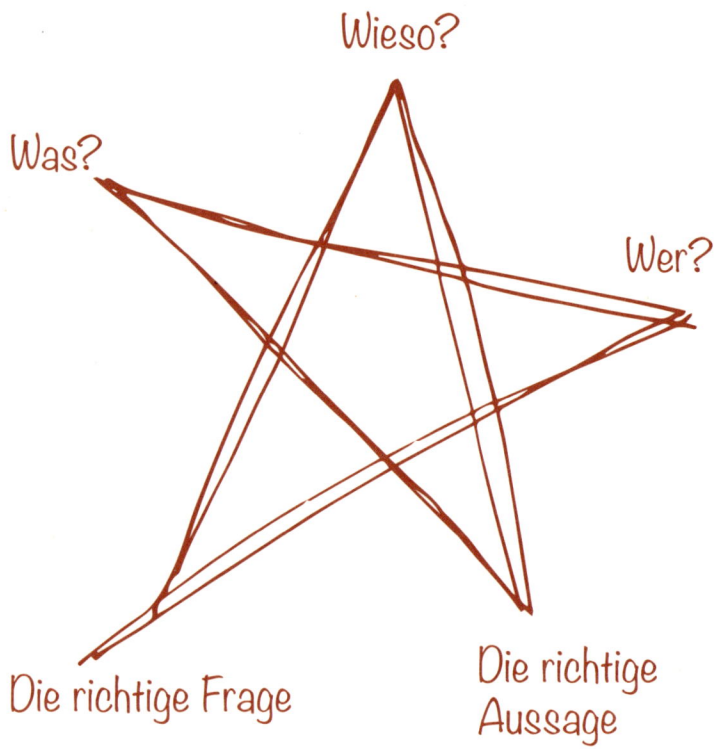

Wieso?

Was?

Wer?

Die richtige Frage

Die richtige Aussage

* Die besten Aufträge sind unglaublich einfach. Wenn Sie nach Ideen suchen oder sich einfach selbst eine Aufgabe stellen, sollten Sie sich auf einen Satz beschränken. Es lohnt sich, viel Zeit darauf zu verwenden, denn wenn das nicht klar ist, gibt es auch keine anständige Antwort.

* Womit beginnen? Was versuchen wir zu erreichen?

* Anschließend den Sinn bestätigen, indem man fragt: Wieso? Wieso versuchen wir, dies zu tun?

* Falls die Antworten zu vage oder unbefriedigend sind, ändern Sie das Was oder lassen Sie das Projekt ganz fallen.

* Beschreiben Sie dann das Wer? Auf wen soll abgezielt werden?

* Jetzt kann eine Aussage *(Unser Ziel ist es, Kategorie X zu revolutionieren)* oder eine Frage formuliert werden *(Wie verdoppeln wir die Größe von Marke X?)*

* Wenn die Gedanken ausreichend klar und stabil sind, kann es akzeptabel sein, sowohl ein Ziel als auch eine Frage zu haben: *Unser Ziel ist es, Kategorie X zu revolutionieren. Welche Produkteigenschaft würde dies erreichen?*

ÜBUNG: *Wählen Sie ein geschäftliches Problem, das viel Aufmerksamkeit erfordert. Nehmen Sie sich Zeit, um es so kurz und eindeutig wie möglich zu formulieren. Fragen Sie: Was versuchen wir zu erreichen? Fahren Sie erst fort, wenn das absolut klar ist. Falls nötig, stellen Sie die Wieso-Frage, um zu prüfen, ob das Was ausreichend stabil ist. Fügen Sie das Wieso hinzu. Experimentieren Sie mit einer Aussage oder einer Frage oder beiden zusammen. Lassen Sie das Ergebnis ruhen und kommen Sie später wieder darauf zurück. Nehmen Sie nötige Änderungen vor und lassen Sie dann von einem angesehenen Kollegen prüfen, ob dieser es für vernünftig hält.*

2. DAS RICHTIGE MEDIUM

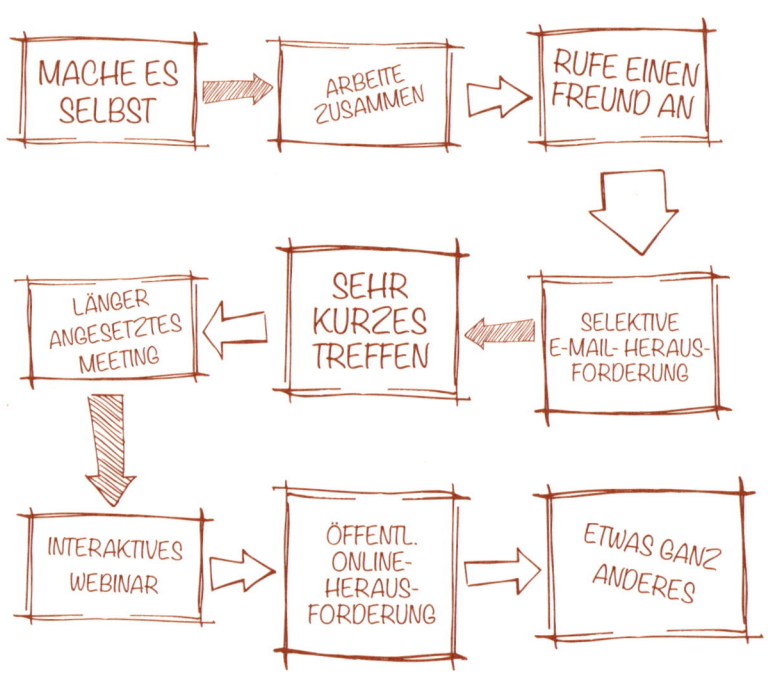

* Entscheidend ist, das richtige Medium zu wählen, in dem Ideen generiert werden.

* Fragen Sie immer zuerst: *»Kann ich es selbst schaffen?«* Wenn die Antwort Ja lautet, dann nerven Sie andere gar nicht erst. Das ist für alle – auch für Sie – nur eine riesige Zeitverschwendung.

* Sobald Sie entschieden haben, dass eine Zusammenarbeit notwendig ist (keine leichtfertige Entscheidung!), denken Sie darüber nach, wie Sie den Auftrag oder die Herausforderung an jemand anderen übermitteln.

* Überlegen Sie zuerst, ob dies nur eine Einzelperson sein könnte. Falls das so ist, fragen Sie nur diese. Halten Sie das für unwahrscheinlich, entscheiden Sie, wie viele andere Sie fragen wollen (siehe 3. *Der Tischplan*).

* Beginnen Sie einfach: Würden Sie ausgezeichnete und inspirierte Vorschläge zurückbekommen, wenn Sie den passenden Personen eine prägnante, aber kurze Frage schicken? In vielen Unternehmen wäre das so. Sie könnten sehr gute Reaktionen erhalten, ohne jemanden treffen zu müssen.

* Falls Sie ein Treffen für nötig halten, berauen Sie das kürzestmögliche Treffen an: *»Kommen Sie bitte zwischen 12 und 12.10 Uhr in Raum X, wo wir Ihnen ein knapp formuliertes Problem zurufen und Sie spontan antworten. Wir schreiben das auf und Sie können gehen.«* Falls zehnminütige Besuche Ihr Problem lösen, sind Sie fertig.

* Falls nicht, sind mehr Zeit und Öffentlichkeit erforderlich.

ÜBUNG: *Wählen Sie ein Problem und arbeiten Sie die Optionen in den Kästen durch. Ziehen Sie immer zuerst die einfachste, kürzeste Route in Betracht und stoppen Sie, falls diese Sie schon zum Ziel führt.*

3. DER TISCHPLAN

✱ *»Jeder kann eine tolle Idee haben.«* Dieses politisch korrekte Mantra stimmt nicht. Viele Leute sind nicht gut beim Generieren von Ideen und sollten nicht beteiligt werden.

* *»Je mehr an einem Brainstorming teilnehmen, umso besser.«* Das trifft ebenfalls nicht zu. Die maximale Teilnehmerzahl in einer Ideensitzung sollte Acht betragen. Untersuchungen zeigen, dass vier Teilnehmer optimal sind.

* Selbst dann hat sich gezeigt, dass bestimmte Personen relevantere und inspiriertere Ideen erzeugen, wenn sie allein arbeiten. Bitten Sie diese deshalb im Zweifelsfall genau das zu tun.

* Falls Sie entschieden haben, dass Sie ein Treffen einberufen müssen, denken Sie sehr genau darüber nach, wer kommen kann. Lassen Sie sich nicht dazu drängen, Leute »einzubeziehen« oder ihnen »entgegenzukommen« – das Ergebnis ist immer schlechter.

* Untersuchen Sie jeden Teilnehmer auf seine Relevanz, Fertigkeiten und Fähigkeiten, mit anderen produktiv und diszipliniert zusammenzuarbeiten. Entwerfen Sie einen passenden Tischplan.

* Falls jemand nicht kommen kann, akzeptieren Sie keinen schwachen Ersatz – verschieben Sie das Treffen, damit exakt die richtigen Leute zusammentreffen.

ÜBUNG: *Überprüfen Sie den Auftrag. Hinterfragen Sie den Inhalt und finden Sie heraus, wer am besten geeignet ist, sich mit dem Problem zu befassen. Suchen Sie im gesamten Unternehmen nach passenden Kandidaten. Falls es keine gibt, wenden Sie sich an Zulieferer, Partner, Berater, Beiräte und andere, die Ihnen helfen könnten. Stellen Sie das ideale Team für das Treffen zusammen und lassen Sie sich nicht auf Kompromisse ein, auch wenn sich die Logistik als kompliziert erweisen sollte.*

4. DAS DREIECK DES DRITTEN ORTES

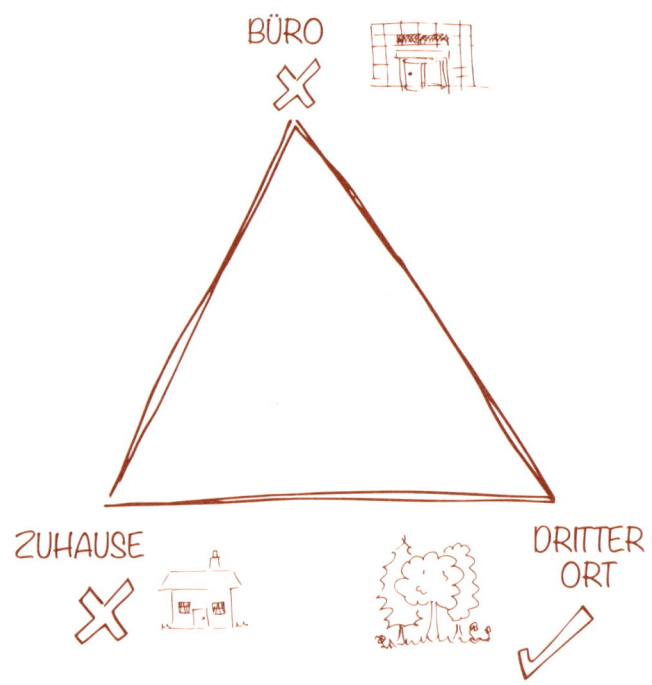

BÜRO

ZUHAUSE

DRITTER ORT

✳ Ort und Umgebung sind entscheidend, wenn Sie eine anständige Idee generieren wollen. Es hilft, entspannt, vielleicht sogar abgelenkt zu sein. Je stärker Sie sich zwingen, »eine Idee zu haben«, umso schwieriger kann es werden.

* Kaum jemand kommt an seinem Arbeitsort auf anständige Ideen. Und wenn er es zu Hause macht, arbeitet er zu viel.

* Analysen großer Innovationen zeigen, dass die meisten an einem »dritten Ort« entstanden sind, bei dem es sich meist nicht um die vertraute Umgebung handelt. Laut dem Soziologen Ray Oldenburg gibt es interaktive Umgebungen, in denen sich bestimmte Talente versammeln, wie etwa Bars und Cafés.

* Ein Wechsel Ihrer normalen Umgebung ist also dann am besten, wenn Sie versuchen, auf frische Ideen zu kommen. Versuchen sie, diese Bedingungen zu schaffen.

* Menschen denken in blauen Räumen freier, weil diese sie an unbegrenzte Landschaften wie den Himmel und das Meer denken lassen. Je höher die Decke, umso größer die Ideen.

* Natürliches Licht und frische Luft sind ausgesprochen wichtig – vermeiden Sie nach Kräften düstere Keller und sterile, klimatisierte Räume.

* Oder versuchen Sie, draußen herumzuwandern – Menschen denken besser, wenn sie in Bewegung sind (siehe 24. *Viereckenrundgang*).

* Wenn das Thema es verlangt, sollten Sie das passende Zubehör als Anregung bereithalten (siehe 8. *Die richtigen Anregungen*).

ÜBUNG: *Wählen Sie eine Umgebung, die Ihre Gäste inspiriert. Beachten Sie Energie-Level, Licht, Luft, Platz für die sich entfaltenden Gedanken und interessante Anreize. Welches wäre der ideale dritte Ort für Ihre Sitzung?*

5. RICHTIGE ZEIT ERWISCHT?

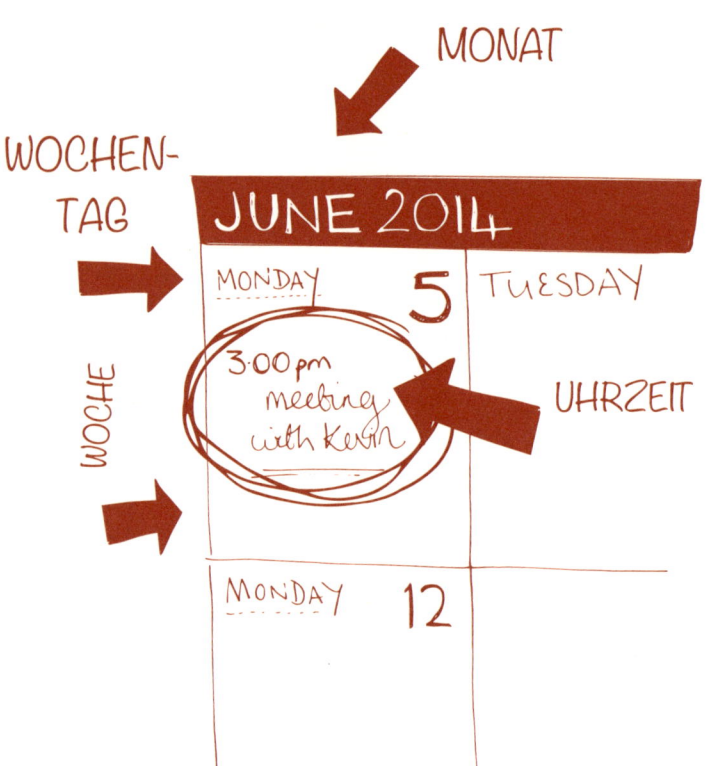

MONAT

WOCHEN-TAG

WOCHE

UHRZEIT

JUNE 2014

MONDAY 5   TUESDAY

3·00 pm
meeting
with Kevin

MONDAY 12

✱ Suchen Sie nicht einfach im Terminkalender nach einer Zeit, zu der Leute kommen können, und reservieren Sie diese Zeit. Das kann der Generierung guter Ideen völlig zuwiderlaufen.

* Schauen Sie zuerst so weit wie möglich nach vorn und fragen Sie, wann der späteste Zeitpunkt ist, zu dem das Treffen abgehalten werden kann. Handelt es sich um ein langfristiges Projekt, dann vermeiden Sie Monate, in denen die Teilnehmer besonders abgelenkt sind oder unter Druck stehen (wie etwa die Haupturlaubszeit, Zeiträume, in denen das Budget geplant wird, das Ende des Finanzjahrs und das Ende von Verkaufszyklen).

* Untersuchen Sie als nächstes wöchentliche Muster. Wählen Sie eine Woche, in der es keine dringenden Termine, staatlichen Feiertage, Unternehmens-Deadlines und speziellen Ereignisse wie Konferenzen oder Sitzungen gibt.

* Betrachten Sie nun den Wochentag. Meiden Sie den Montagmorgen und den Freitagnachmittag. Meiden Sie außerdem feste Unternehmensrituale wie Statustreffen, die immer an einem bestimmten Tag stattfinden.

* Denken Sie dann über die Tageszeit nach. Nur wenige Leute können gleich früh am Morgen oder noch spät am Abend klare Gedanken fassen. Wählen Sie einen passenden Zeitpunkt und halten Sie sich dann auch daran.

ÜBUNG: *Denken Sie fünf Minuten über alle ungünstigen Zeitpunkte für Ihr Treffen nach und schließen Sie diese dann aus. Schränken Sie Ihre Auswahl schließlich auf eine ideale Woche, Tages- und Uhrzeit ein. Stellen Sie fest, ob Ihre gewünschten Teilnehmer verfügbar sind. Falls nicht, wählen Sie den nächsten Zeitpunkt mit denselben Eigenschaften. Ziehen Sie außerdem in Betracht, ob die fraglichen Personen »Morgen-« oder »Nachmittagsleute« sind.*

6. DIE DAUER

PRODUKTIVITÄT?

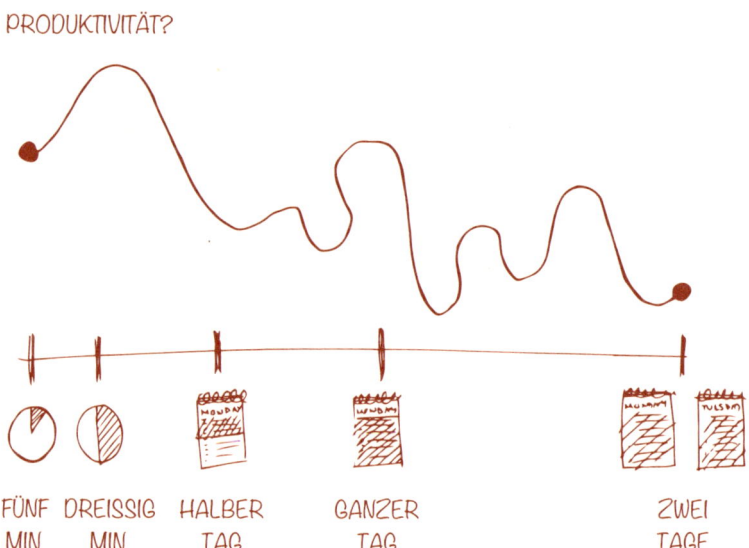

FÜNF MIN. DREISSIG MIN. HALBER TAG GANZER TAG ZWEI TAGE

* Die Zeitdauer ist etwas anderes als ein Zeitpunkt. Im Geschäftsleben ist absolut alles besser, wenn es kürzer ist. Ihr Ziel sollte deshalb darin bestehen, die Zeit zum Generieren von Ideen so kurz wie möglich zu halten.

* Zeit ist ein relatives Konzept. Die Definition von »kurz« ist deshalb direkt mit dem Medium verknüpft, für das Sie sich entschieden haben (siehe 2: *Das richtige Medium*).

* Eine spontane Reaktion auf eine Aufgabe erfordert vielleicht nur wenige Minuten in einem Telefonanruf als Antwort auf eine kurze E-Mail-Nachricht oder einen kurzen Besuch im Büro »zwischen Tür und Angel«. Streben Sie immer Kürze an, solange Ihr Problem damit gelöst wird.

* Nach 30 Minuten beginnen sich Leute bei einem Treffen oft zu langweilen.

* Energie, Aufmerksamkeit und Produktivität lassen im Laufe der Zeit nach.

* Falls die Komplexität der Aufgabe, die Teilnehmer, der Ort und das Timing des Ereignisses einen längeren Zeitraum rechtfertigen, wie etwa einen oder zwei Tage, denken Sie sorgfältig über Ihr Vorgehen nach. Planen Sie das Treffen in Segmenten von höchstens 30 Minuten, beziehen Sie regelmäßige Pausen ein und setzen Sie zwischendurch Runden zur Reflexion oder Bewegung an.

ÜBUNG: *Untersuchen Sie die Aufgabe. Fragen Sie zuerst, welches die kürzestmögliche Dauer ist, in der sie gelöst werden könnte. Stellen Sie sich vor, dass Sie nicht mehr Zeit zur Verfügung haben. Entwickeln Sie nun einen Plan, wie Sie diese Zeit auf möglichst produktive Weise nutzen.*

7. DAS METHODEN-FLUSSDIAGRAMM

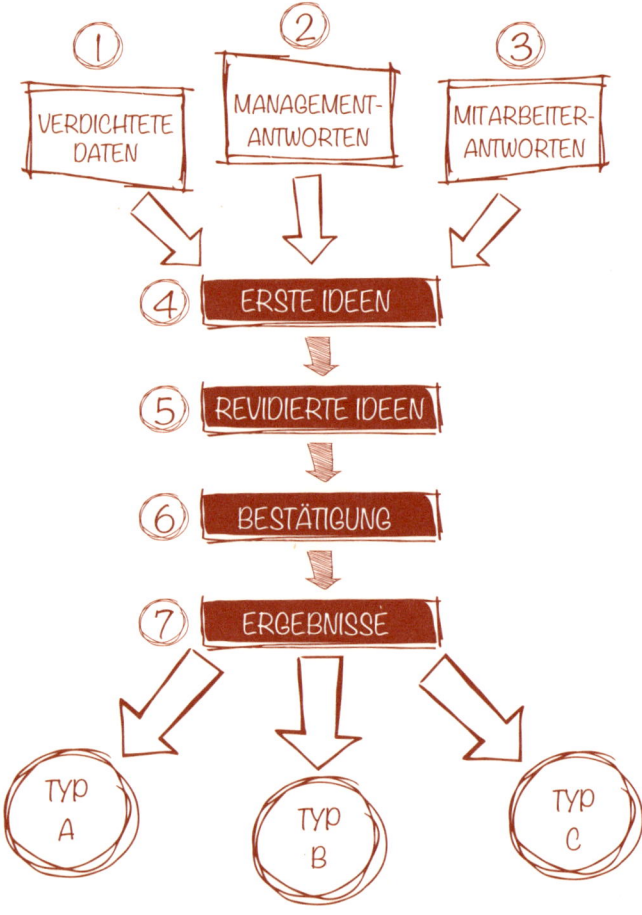

1. VERDICHTETE DATEN
2. MANAGEMENT-ANTWORTEN
3. MITARBEITER-ANTWORTEN
4. ERSTE IDEEN
5. REVIDIERTE IDEEN
6. BESTÄTIGUNG
7. ERGEBNISSE

TYP A

TYP B

TYP C

* Der wichtigste Punkt bei der Wahl der richtigen Methode ist, dass man überhaupt eine haben muss. Viel zu viele sogenannte Brainstormings werden einberufen, ohne dass jemand sie richtig leitet oder vorher darüber nachgedacht wurde, was wann und in welcher Reihenfolge passieren sollte.

* Planen Sie – unabhängig von der Dauer – eine Abfolge.

* Im hier gezeigten Beispiel werden in Teil 1 alle verfügbaren Daten betrachtet. Teil 2 untersucht die Meinung des Managements zu dem Thema. Teil 3 vergleicht dies mit der Meinung der Mitarbeiter. Teil 4 holt erste Ideen ein. Diese werden dann revidiert und bestätigt, bevor sie auf die Ergebnisse untersucht werden, die den größten Nutzen bringen.

* Reservieren Sie für jeden Abschnitt eine sinnvolle Zeitdauer.

* Falls Sie Probleme haben, eine Methode zu entwickeln, dann wählen Sie die passendsten Techniken aus diesem Buch und stellen Sie diese in einer logischen Reihenfolge zusammen, um zu einer Entscheidung zu kommen (denken Sie daran, sie jeweils zeitlich zu begrenzen).

ÜBUNG: *Wählen Sie basierend auf der Aufgabe, der Anzahl der Teilnehmer und der Dauer des Treffens eine realistische Anzahl von Stadien. Halten Sie fest, welches die sinnvollsten Ansätze sein könnten. Halten Sie sich an folgenden Ablauf: Erklären der Herausforderung, Untersuchen der Optionen, Generieren neuer Ideen, Einschränken dieser auf eine handhabbare Zahl, Festlegen der endgültigen Entscheidung.*

8. DER RICHTIGE ANREIZ

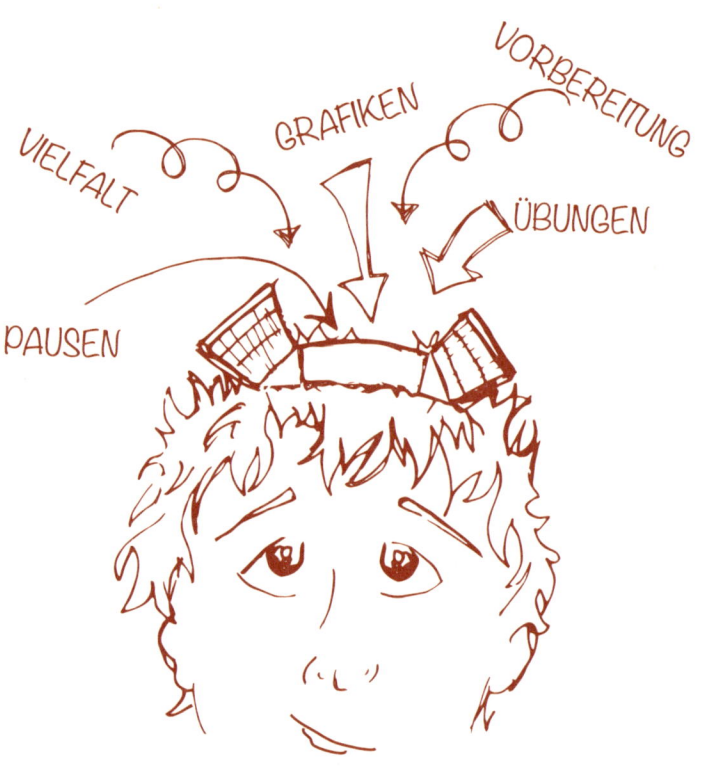

* Fast alle Ideensitzungen sind zu lang. Je länger sie dauern, umso unproduktiver werden sie.

* Die Person, die die Sitzung leitet, ist verantwortlich dafür, sie in die kleinstmöglichen Einheiten aufzuteilen und dafür zu sorgen, dass zur richtigen Zeit die richtigen Anreize eingeführt werden.

* Für ein Thema sollten jeweils maximal 30 Minuten aufgewandt werden. Manche Abschnitte sollten auf fünf Minuten beschränkt werden.

* Regelmäßige, disziplinierte Pausen sind wichtig.

* Vielfalt hält frisch.

* Unerwartete Intermezzi sorgen dafür, dass die Teilnehmer stimuliert bleiben. Planen Sie im Zweifelsfall ein Zwischenspiel mehr ein, als Sie tatsächlich brauchen.

* Übungen, praktische Anwendungen dessen, was diskutiert wurde, und Gruppenarbeit können schneller zu Ideen führen, solange sie nicht trivial sind oder außer Kontrolle geraten (also vom Thema abweichen oder ausufern).

* Diese Art von Anreiz erfordert wie jede effektive Unterstützung strenge Disziplin, der Anwender muss also eine exakte Vorstellung von den Vorgängen haben und die Leute entsprechend leiten.

ÜBUNG: *Werfen Sie einen Blick auf Ihren Entwurf für den Ablauf der Sitzung und stellen Sie sich vor, Sie wären nicht der Leiter der Sitzung, sondern ein Gast. Denken Sie darüber nach, wie schnell Sie sich langweilen würden. Identifizieren Sie die kritischen Stellen, an denen die Langeweile einsetzen könnte. Wählen Sie diese Momente, um etwas Unerwartetes einzuführen. Die Ideen aus diesem Buch helfen Ihnen, eine passende Zahl zu wählen, um die Teilnehmer zu stimulieren.*

9. DIE HAUSAUFGABEN-
CHECKLISTE

VOR DEM TAG:

1 Auftrag gelesen? □

2 Hintergrundmaterial gelesen? □

3 Erste Gedanken? □

4 Bereit für Test am Anfang? □

* Wenn Sie sich alle Seiten in Teil Eins angeschaut haben, sind Ihre Vorbereitungen nahezu abgeschlossen.

* Das ist die Vorbereitung für die Person, die die Sitzung leitet. Was ist mit den Teilnehmern? Die meisten Leute rauschen in Brainstormings und hoffen, improvisieren zu können. Allerdings führt das kaum zu einer effektiven Generierung von Ideen.

* Als Organisator müssen Sie sorgfältig darüber nachdenken, welche Hausaufgaben Sie schon vor der eigentlichen Sitzung ausgeben wollen. Damit nehmen Sie bereits einen gewaltigen Druck von der Sitzung und von sich selbst. Die Vorbereitung anderer ist oft genauso wichtig wie Ihre eigene.

* Gewissenhafte Teilnehmer (und das sollten sie sein, schließlich haben Sie sie selbst ausgewählt) werden den Auftrag und das ganze Hintergrundmaterial vor dem Tag aufgenommen haben, so dass kein Bedarf an einem langwierigen und oft wiederholten Austausch von Informationen besteht, der die verfügbare Zeit auffrisst und diejenigen frustriert, die sich gut vorbereitet hatten.

* Versuchen Sie Teilnehmern, die unter Zeitdruck stehen oder sich drücken wollen, zu erklären, dass es am Anfang der Sitzung einen Test zu dem Auftrag geben wird, oder bitten Sie sie, gleich zu Beginn ihre besten Ideen zu präsentieren, damit sie gezwungen sind, vorauszudenken und sich vor allen anderen zu ihren Ideen zu äußern.

ÜBUNG: *Stellen Sie sich vor, dass jeder Teilnehmer zu Beginn der Sitzung ausgezeichnet informiert ist – sie verstehen die Herausforderung sowie den Hintergrund und strotzen vor Ideen. Arbeiten Sie nun zurück und stellen Sie exakt fest, was sie brauchen würden, um dieses Maß an Verständnis zu erreichen. Sorgen Sie dafür, dass alle schon weit vor Beginn der Sitzung diese Einsichten und Informationen erhalten – mit der angemessen deutlichen Anweisung, dass es wichtig ist, sich gründlich vorzubereiten.*

10. DIE REGELN FÜR DIE MITARBEIT

MIT DER VERGANGENHEIT BRECHEN

PRODUKTIVES ZUHÖREN

KÜRZE = INTELLIGENZ

PROBLEME ERNST NEHMEN, ABER NICHT SICH SELBST

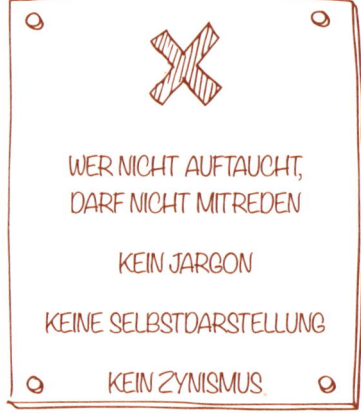

WER NICHT AUFTAUCHT, DARF NICHT MITREDEN

KEIN JARGON

KEINE SELBSTDARSTELLUNG

KEIN ZYNISMUS

✳ Es gibt eine letzte Komponente, die der Generierung großartiger Ideen zuträglich ist, und diese ist nicht so sehr von praktischer Art, sondern betrifft die Stimmung: Die Einstellung der Teilnehmer muss stimmen. Und das bedeutet, dass man den richtigen Ton vorgeben sollte.

✳ Ob Sie das schaffen, hängt davon ab, wen Sie einladen, welche Ansichten sie zu dem Thema haben, in welcher Stimmung sie sind und in welcher Weise Sie anleiten und kontrollieren.

✳ Sie können Ihre eigenen Regeln für die Teilnahme so gestalten, dass sie die Unternehmenskultur widerspiegeln. Die wesentlichen Merkmale sollten jedoch in den meisten guten Arbeitsumgebungen üblich sein.

✳ Besonders erwünscht sind: Ignorieren der Vergangenheit, produktives Zuhören, Kürze und ein seriöses Zugehen auf das Thema und nicht das Befriedigen des eigenen Egos.

✳ Besonders abzulehnen sind: mutwilliges Fernbleiben (wenn jemand nicht auftaucht oder zu spät kommt, darf er nicht mitentscheiden), jeglicher Jargon, Angeben und Zynismus.

✳ Bedenken Sie, dass es einen deutlichen Unterschied zwischen Zynismus und Pragmatismus gibt. Meiden Sie Extremfälle bei der Ideengenerierung. Ungezügelte, unpraktische Ideen sind ebenso nutzlos wie das sofortige Abschmettern jedes neuen Vorschlags.

✳ Und schließlich sollten Sie versuchen, eine entspannte Atmosphäre zu erzeugen. Sie führt zu besseren Ideen.

ÜBUNG: *Wenn Sie eine Sitzung zum Generieren von Ideen durchführen, müssen Sie den Ton angeben. Planen Sie die Übung von dem Augenblick an, in dem Sie einladen, bis zu Ihrem gewünschten Ergebnis. Überlegen Sie, welche Leistung Sie von Ihren Teilnehmern erwarten. Schreiben Sie Ihr erwartetes Verhalten auf und sorgen Sie dafür, dass all Ihre Kommunikation über den Job, einschließlich Ihres Auftretens am entscheidenden Tag, dies widerspiegelt.*

TEIL ZWEI

GENERIEREN

ERSTER IDEEN

EIN HINWEIS
ZUM GENERIEREN
ERSTER IDEEN

Die Debatte, ob jeder »kreativ sein« oder eine anständige Idee
haben kann, ist noch nicht beendet.

Eines ist klar: Regellose, verrückte,
»Gebt mir eure abgefahrensten Ideen, Jungs!«-
Ansätze funktionieren nicht besonders gut.

Wahre Kreativität muss diszipliniert und hochgradig zielgerichtet
sein und darüber hinaus fähig, einer tiefgreifenden Überprüfung
standzuhalten.

Da die meisten von uns nicht jeden Augenblick des Tages genial
inspiriert sind, können wir lernen, unter welchen Umständen einige
der besten Ideen entstanden sind.

Wir können dann versuchen, diese Bedingungen zu kopieren, um
wenigstens eine bescheidene Form dieser Minibrillanz zu schaffen.

Beginnen Sie mit den Ideen in diesem Teil.

11. DREI GUTE, DREI SCHLECHTE

* Viele Ideensitzungen werden durch negative Materialien und Haltungen behindert. Ein Miesepeter reicht, um das Ganze in eine unerwünschte Richtung abgleiten zu lassen.

* Falls Sie das für möglich halten, könnten Sie es mit der *Drei Gute, drei Schlechte*-Technik bekämpfen.

* Anstatt zuzulassen, dass sich negative Kommentare in die Vorgänge einschleichen, sucht diese Technik absichtlich die schlechten Dinge, setzt sich früh mit ihnen auseinander und rechnet sie gegen die guten Dinge auf.

* Alle Teilnehmer werden aufgefordert, erst drei schlechte Dinge über das Produkt/Projekt/den Auftrag aufzuschreiben und dann drei gute. Dies nimmt den negativen Kommentaren die Spitzen. Niemand ist gezwungen, drei zu generieren, sondern drei ist die maximale Anzahl.

* Die Ergebnisse werden vom Moderator begutachtet und zusammengefasst. Normalerweise gibt es deutliche Überschneidungen, aus deren Grad sich viel lernen lässt, oder einen absoluten Fokus auf nur ein Defizit. Hier zeigt sich außerdem, wie viel die Teilnehmer über das Thema wissen.

* Die Übung sollte immer zuerst durchgeführt werden und nicht länger als eine Stunde oder 20% der Sitzungszeit in Anspruch nehmen.

* Alle guten Merkmale werden dann als Inspiration auf dem Weg zu einer ausgezeichneten Lösung benutzt.

ÜBUNG: *Denken Sie genau darüber nach, ob es ein unüberwindliches Problem mit dem Auftrag, eine unbefriedigende Vorgeschichte für das Projekt, eine hässliche Einschränkung gibt oder einfach eine Kultur der Miesmacherei oder des Zynismus vorherrscht. Nutzen Sie diese Technik, um diese Probleme frühzeitig zu bereinigen und sie in positive Aktivität umzuwandeln.*

12. DENKEN SIE *IN* SCHUBLADEN

BESCHRÄNKUNGEN

1 _____

2 _____

3 _____

ANGEMESSEN
BEGRENZTER
THEMENBEREICH

* Querdenken (»thinking outside the box«) ist ein trendiger, moderner Begriff, der angeblich inspirierte Ideen suggeriert.

* Das Problem ist: Es funktioniert nicht.

* Die meisten Unternehmen haben säckeweise exzentrische, irrelevante und manchmal geradezu blöde Ideen, die sie nicht benutzen können, weil sie wirtschaftlich unmöglich, unangemessen oder einfach abseitig sind. Die meisten sind in schlecht durchgeführten Brainstormings entstanden.

* Die besten kreativen Ideen entstehen stattdessen, wenn die Protagonisten strikten Beschränkungen unterliegen. Es bringt sie dazu, viel fantasievoller und praktischer zu denken.

* Diese Vorstellung wurde in dem ausgezeichneten Buch *Inside the Box* von Boyd und Goldenberg gründlich untersucht.

* In dieser Technik legen Sie zuerst alle Beschränkungen dar, damit sich alle Beteiligten der Grenzen des Themenbereichs bewusst sind. Sie können das vor oder zu Beginn der Sitzung tun.

* Dadurch werden alle gezwungen, genauer nachzudenken und weniger abstruses, unbenutzbares Material zu generieren.

* Das beste Beispiel findet sich im Film Apollo 13. Nach einer Explosion ist der Kohlendioxidfilter des Moduls kaputt und die Astronauten drohen zu ersticken. In Houston stellt der Teamleiter drei Kisten auf den Tisch, die alles enthalten, was es in dem Modul gibt. *»Wir müssen einen Weg finden, wie man das«* (hält einen eckigen Filter hoch) *»in ein Loch bekommt, das dafür gemacht wurde,«* (hält einen runden hoch) *»mit nichts weiter als dem hier...«* (kippt die Kiste auf den Tisch). Sie lösen das Problem.

ÜBUNG: *Untersuchen Sie den Auftrag. Denken Sie über die dümmsten und unproduktivsten Bereiche nach, in die Leute abdriften könnten – selbst mit den besten Intentionen. Betrachten Sie die ganzen banalen Dinge wie Preis, Produktion, Vertrieb, Timing und Ressourcen – alles, was eine Idee blockieren könnte. Definieren Sie mit Hilfe dieser Parameter die »Box«, in der die Ideen generiert werden müssen.*

13. DIE AUGEN DER EXPERTEN

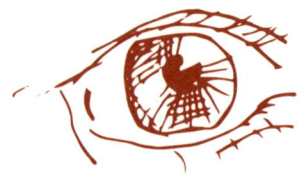

RICHARD BRANSON

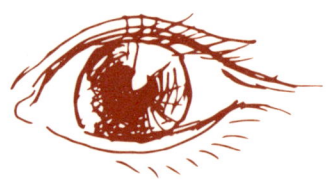

DAVID BECKHAM

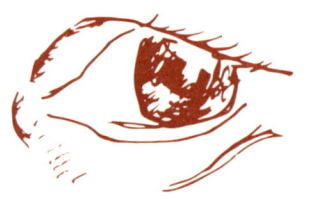

NELSON MANDELA

* Das ist eine wunderbare und lustige Technik, die wirklich funktioniert, ungeachtet des Themas.

* Die Ideen besteht darin, die Herausforderung mit den Augen einer bekannten Person zu betrachten, die bei irgendetwas sehr erfolgreich ist.

* In diesem Beispiel schlage ich einen erfolgreichen Geschäftsmann, einen Sportler und einen allgemein bekannten Politiker vor.

* Wesentlich ist nicht, dass es technisch gesehen Experten sind, sondern dass sie in dem Ruf stehen, ihre Aufgabe auf ganz eigene Weise anzugehen.

* Die Liste der Experten kann entweder vor der Sitzung spontan von der Gruppe zusammengestellt werden (halten Sie aber noch ein paar Extraexperten bereit, falls man sich nur für die üblichen Verdächtigen entscheidet).

* Untersuchen Sie dann den Auftrag mit Hilfe der Stile und Standpunkte der jeweiligen Experten, entweder gemeinsam (alle Teilnehmer stellen sich gleichzeitig einen Experten vor) oder getrennt (indem Sie die Experten auf Paare oder Gruppen von Teilnehmern aufteilen).

* Erfassen Sie die Ideen und überprüfen Sie sie später.

ÜBUNG: *Stellen Sie eine Liste aus respektierten Experten zusammen. Gehen Sie nacheinander durch, wie diese Ihrer Meinung nach mit dem Auftrag umgehen würden. Was würde David Beckham tun, wenn er mit diesem Problem konfrontiert würde?*

14. KATEGORIENSTEHLEN

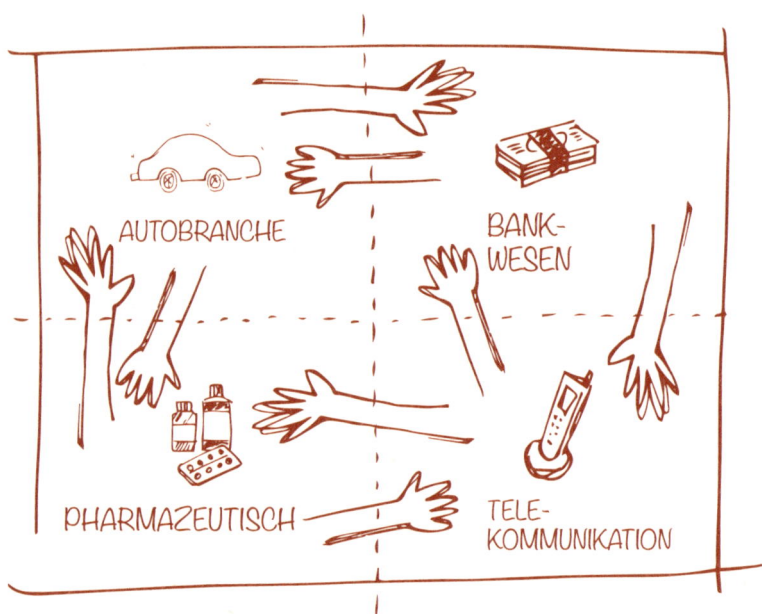

AUTOBRANCHE

BANK-WESEN

PHARMAZEUTISCH

TELE-KOMMUNIKATION

✳ Das Prinzip des *Kategorienstehlens* ist einfach: Wählen Sie eine andere Kategorie als Ihre eigene und fragen Sie sich, wie man dort Ihr Problem angehen würde.

✳ Jeder arbeitet in irgendeiner Kategorie, und viele der Traditionen, Rituale und Formate darin sind in gewisser Weise fest. Das kann in einem Bereich zu Gleichheit führen, in einem anderen hingegen Inspiration bieten.

* Listen Sie zuerst eine Reihe anderer Kategorien auf. Falls Ihnen nichts einfällt, schauen Sie sich die Börsenmitteilungen in einer Zeitung an, suchen Sie online oder schauen Sie einen Abend lang fern. Schon bald werden Sie Kategorien von A-Z haben.

* Identifizieren Sie die Eigenschaften der wohldefinierten Kategorien, wie etwa ihr normales Vorgehen mit Blick auf Finanzen, Markenbildung, Vertrieb, Preis, Produkteigenschaften usw.

* Stellen Sie dann fest, was Sie stehlen und auf Ihre eigenen Aufträge anwenden könnten.

* Falls eine ganze Kategorie keine klar definierten Eigenarten besitzt, nehmen Sie stattdessen eine Marke, die das tut. Wie würde z. B. Apple oder Coca Cola vorgehen?

* Falls Sie in einer relativ obskuren Kategorie arbeiten, dann ziehen Sie die Weisheit der bekannten Kategorien zu Rate. Arbeiten Sie dagegen in einer gut verstandenen Kategorie, nehmen Sie sich die Zeit, ungewöhnlichere Kategorien zu erkunden. Es gibt immer etwas zu lernen.

ÜBUNG: *Wählen Sie drei oder vier Kategorien, die ausreichend weit von Ihrer entfernt sind. Ermitteln Sie deren wichtigste Eigenschaften und Prozesse. Konzentrieren Sie sich notfalls auf eine Marke in der Kategorie, die besonders erfolgreich ist. Stellen Sie sich nun vor, dass Sie diesen Ansatz nutzen, um sich mit Ihrem Auftrag auseinanderzusetzen. Wiederholen Sie das bei Bedarf für verschiedene Kategorien.*

15. BILDERPLATTFORMEN

* *Bilderplattformen* machen Spaß und sind dabei nicht ganz so trivial, wie sie auf den ersten Blick erscheinen mögen.

* Auch wenn manchmal angezweifelt wird, dass »ein Bild mehr als tausend Worte« sagt, ist es keine Frage, dass viele Menschen auf visuelle Anreize besser reagieren als auf verbale.

* In dieser Technik werden Bilder als Sprungbretter für neue Ideen über den Auftrag verwendet. Die Bilder können aus beliebigen Quellen kommen – Zeitschriften, Bildschirmfotos, Zeitungen, Büchern, Katalogen, Fotobibliotheken usw.

* Idealerweise gibt es sehr viele verschiedene Stile – wie etwa Gemälde, Zeichnungen, Illustrationen, farbig, schwarzweiß – genau wie Fotos.

* Falls Sie eine bestimmte und einigermaßen kontrollierte Antwort auf die Bilder benötigen, wählen Sie eine kleine Anzahl aus, die besonders provokant ist, zeigen Sie sie nacheinander und fragen Sie die spontan auftretenden Gedanken dazu ab.

* Für ein freieres Vorgehen bieten Sie eine große Menge Bilder an und lassen Sie Teilnehmer dann auf den Auftrag los, wobei Sie es ihnen erlauben, ihre eigenen Bildanreize auszuwählen.

* Zeichnen Sie alle Ideen auf und gruppieren Sie sie entweder gleich oder nach der Sitzung.

ÜBUNG: *Entscheiden Sie, wie viele Bilder Sie als Anreiz anbieten wollen. Soll es nur eine kleine Zahl sein (z. B. 10), nehmen Sie sich ausreichend Zeit für die Auswahl. Bei einer hohen Anzahl (100) müssen Sie sich überlegen, wie Sie sie den Teilnehmern präsentieren. Werfen Sie das Netz weit aus und sorgen Sie für eine ausreichende Vielfalt.*

16. ZUFÄLLIGE WÖRTER

* Zufällige Wörter führen die Gedanken in neue und interessante Bereiche.

* Die Wörter können ganz unklar oder scheinbar irrelevant für das Thema sein, solange die resultierende Idee direkt mit dem Auftrag zusammenhängt. Sie als Leiter der Sitzung müssen die Grenzen setzen.

* Die Wörter können auf alle möglichen Arten generiert werden.

* Nehmen Sie ein Buch. Bitten Sie jemanden, eine Zahl zu rufen – schlagen Sie diese Seite auf. Bitten Sie um eine weitere Zahl – wählen Sie diese Zeile. Bitten Sie um eine Zahl zwischen 1 und 10 – nehmen Sie dieses Wort. Untersuchen Sie das Wort auf alle seine möglichen Anwendungen in Bezug auf den Auftrag.

* Öffnen Sie ein Wörterbuch auf einer beliebigen Seite, schließen Sie die Augen und legen Sie Ihren Finger auf ein Wort. Fordern Sie die Teilnehmer auf, es zu tun, damit diese ebenfalls beteiligt sind.

* Um themenspezifische »Zufallswörter« zu erhalten, nehmen Sie eine Produktspezifikation, irgendwelches Material, das mit dem Produkt zusammenhängt oder sogar Ihre neuen Aufträge und schicken Sie sie durch die Software auf wordle.net. Bitten Sie die Teilnehmer, auf das Ergebnis zu starren und Vorschläge zu machen.

ÜBUNG: *Wählen Sie Ihre Quellwörter auf der Grundlage der Teilnehmerzahl, der für die Übung veranschlagten Zeit und des Maßes an geforderter Interaktion. Bereiten Sie nötigenfalls einige Wordles basierend auf dem relevanten Material vor. Denken Sie darüber nach, wie Sie die Antworten ordnen.*

* Die Wahrheit ist, dass sich Produkte oft nur sehr wenig von ihren Konkurrenzprodukten unterscheiden.

* Das könnte bedeuten, dass es nicht viel Interessantes über das Produkt zu sagen gibt und dass Ihnen keine Erleuchtung kommt, so sehr Sie sich auch mühen, etwas Einzigartiges zu finden.

* Und das könnte zu einer langweiligen Aufgabenstellung führen.

* Falls das der Fall ist, versuchen Sie es mit *Was ist angesagt?*

* Diese Technik identifiziert aktuelle Dinge, die interessant sind, und sucht dann nach passenden Möglichkeiten, ihnen die Marke zuzuweisen. Das muss nicht zynisch oder ausbeuterisch sein. Es ist sogar wichtig, dass Sie keine Übereinstimmung erzwingen.

* Stellen Sie zuerst die beliebtesten zeitgenössischen Themen heraus – Promis, aktuelle Skandale, Ereignisse, Trends, soziale Phänomene usw.

* Wählen Sie daraus eine handhabbare Anzahl und schließen Sie Bereiche aus, die nicht erkennbar zum Auftrag passen.

* Stellen Sie dann fest, inwiefern die Marke einen Standpunkt zu diesen Problemen einnehmen kann.

* Aber Achtung: Seien Sie realistisch, womit sich Ihr Produkt identifizieren kann – Übertreibungen können kontraproduktiv sein.

ÜBUNG: *Identifizieren Sie ein halbes Dutzend momentan heißer Themen. Nutzen Sie diese, um Ihren Auftrag zu untermauern. Generieren Sie Ideen, die in diesen Kontexten ein stärkeres Echo hervorrufen. Falls mehr Interaktion erforderlich ist, bitten Sie die Teilnehmer, aktuelle Themen zu erkennen, bevor diese dann über deren Nutzen nachdenken.*

18. EIN ANDERES LICHT

* Die *Ein anderes Licht*-Technik dreht sich um Perspektiven. Wir sind, wer wir sind, und oft ist es außerordentlich schwierig, ein Problem aus einem anderen Blickwinkel zu betrachten.

* Je weiter wir davon entfernt sind, das Zielpublikum zu verstehen, umso schwieriger könnte das sein.

* In vielen Märkten bewegen sich die Entscheidungsträger in einer ganz anderen Altersgruppe als diejenigen, die das Produkt kaufen. Vermarkter und Designer müssen deshalb unbedingt auf die Marktforschung hören.

* Diese Technik fordert jeden Teilnehmer auf, sich von seinem normalen Standpunkt zu entfernen und so zu tun, als sei er jemand anderes. Je fremdartiger die gespielte Rolle ist, umso interessanter könnten die daraus resultierenden Ideen sein.

* Wählen Sie einige ungewöhnliche Perspektiven (ich biete in diesem Beispiel die eines Kindes, eines Hundes, eines Astronauten und eines Flüchtlings).

* Wie bei vielen dieser Ansätze können Sie die ganze Gruppe nacheinander an je einer Gemütsverfassung arbeiten lassen oder unterschiedlichen Teilnehmern unterschiedliche Rollen zuweisen.

ÜBUNG: *Wählen Sie eine handhabbare Zahl von Perspektiven, mit denen Sie den Auftrag in einem anderen Licht betrachten. Entscheiden Sie, ob jeder einmal jede Rolle annehmen soll oder ob die Teilnehmer wählen dürfen. Arbeiten Sie alle Rollen durch und notieren Sie die interessantesten Ideen.*

19. ÜBERTREIBUNG
UND MANGEL

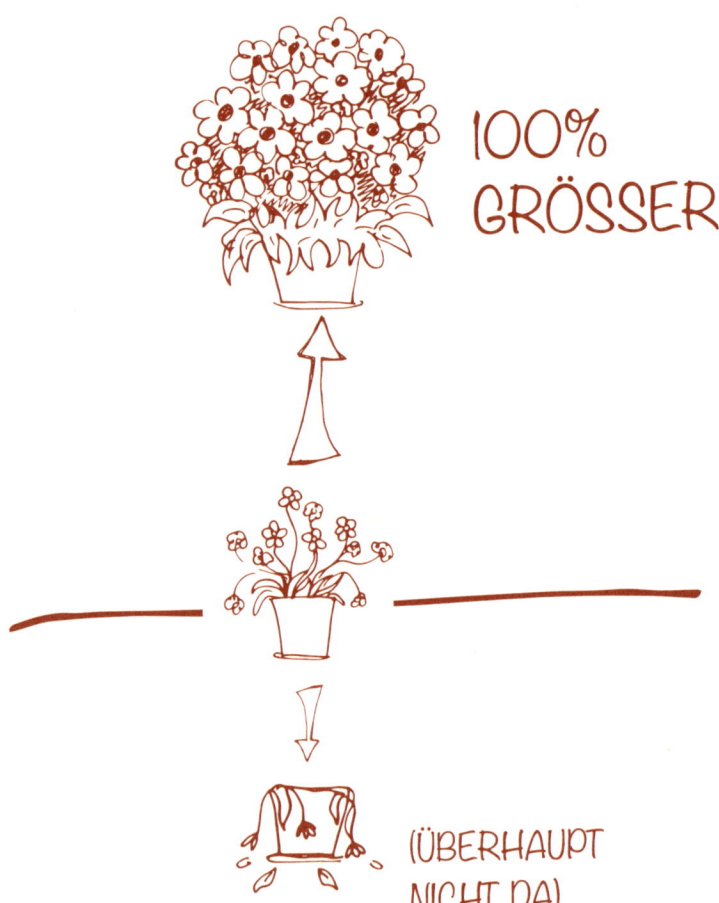

100%
GRÖSSER

(ÜBERHAUPT
NICHT DA)

* Wie Goethe so geheimnisvoll sagte: »*Alles Gescheite ist schon gedacht worden, man muss nur versuchen, es noch einmal zu denken.*« Allerdings sah er wahrscheinlich nicht das iPhone vorher.

* Das Wesen dieser Technik besteht darin, die Vorteile eines Produkts deutlich zu übertreiben oder irrsinnig extrem darzustellen, was passiert, wenn es überhaupt nicht da ist.

* Nehmen wir an, ein Nahrungsmittel für Kinder enthält gesunde Zutaten, ähnelt aber dem der Konkurrenz. Seine Vorteile zu übertreiben, um Superkräfte oder die Stärke eines Elefanten zu suggerieren, könnte auf einen interessanten Weg führen.

* Mit dem Mangel-Ansatz stellen wir uns eine Welt vor, in der das Produkt nicht existiert, und betonen damit seine wichtige Rolle.

* Vor Jahren zeigte Dunlop einen Werbespot, in dem ein Paar Tennis spielte. Schrittweise verschwanden alle Dinge, die das Unternehmen herstellte – das Netz, der Platz, die Schläger, der Ball und schließlich die Kleidung. Dies illustrierte ganz elegant das ganze Produktspektrum.

* Eine ähnlich übertriebene Methode sieht vor, jeden nach seiner schlechtesten Idee zu fragen und mit diesen Extremfällen dann den Auftrag zu untersuchen.

ÜBUNG: *Wählen Sie einen Produktvorteil. Übertreiben Sie diesen Vorteil zuerst bis zum Äußersten. Untersuchen Sie, ob die Übertreibung rund um diesen neuen Gedanken zu etwas Interessantem führt. Falls es geholfen hat, wiederholen Sie das für andere Vorteile. Stellen Sie sich dann vor, was passiert, wenn den Benutzern dieses Produkt komplett entzogen wird. Führt das zu einem neuen Weg, seinen Wert auszudrücken?*

20. ANALOGIE-SPRUNGBRETT

SPINNEN

EINZELRADAUFHÄNGUNG

LUNGEN

DUDEL-
SACK

SAMEN
& HAARE

KLETTVER-
SCHLUSS

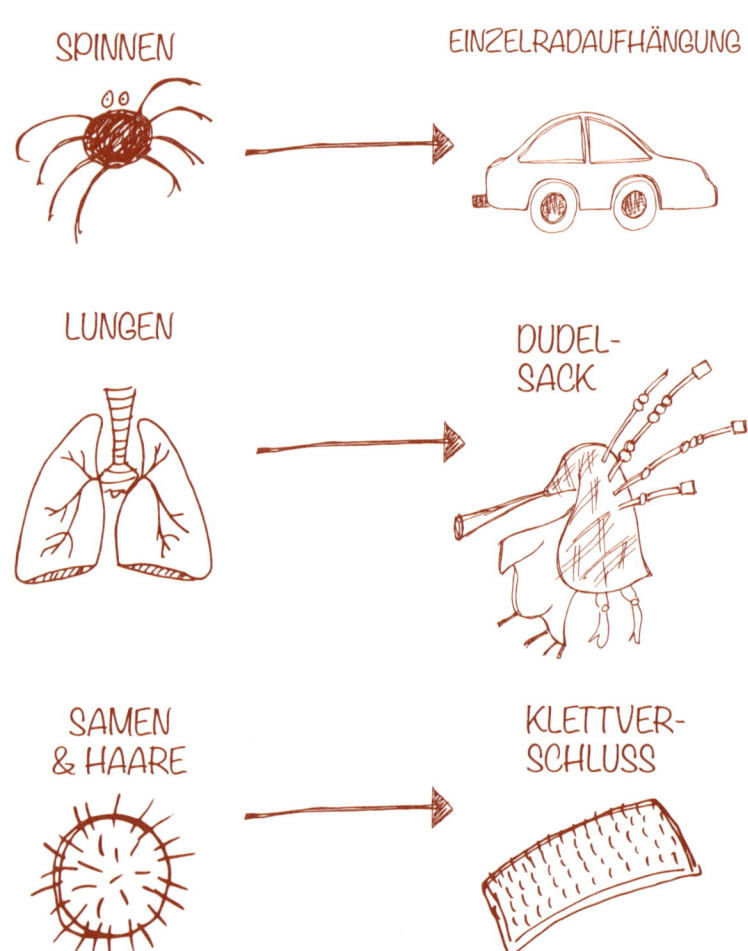

* Viele der besten Ideen stammen aus einer Analogie – der Beob-achtung eines Phänomens in einem Bereich des Lebens und der Anwendung der Idee auf ein völlig anderes Problem.

* Die Idee für den Klettverschluss kam dem Erfinder, dem Schwei-zer Ingenieur George de Mestral, als er nach dem Spaziergang mit seinem Hund die Kletten in dessen Fell bemerkte. Er kopierte die Idee und erfand damit das Produkt.

* Clarence Birdseye war in Kanada im Urlaub, als er Lachs sah, der in Eis eingefroren war und dann auftaute. Nach der Zubereitung schmeckte er immer noch frisch. Dies war der Beginn der Tief-kühlindustrie.

* Ein englischer Designer namens Cawardine trat in den 1930ern an das Unternehmen von Herbert Terry heran und stellte eine Schreibtischlampe vor, die auf den Prinzipien der menschlichen Armgelenke beruhte. Die Anglepoise-Lampe war geboren.

* Natur ist eine Quelle, doch es gibt um uns herum viele Analogien.

* Dies ist eine sehr freie Technik, und die möglichen Inspirations-quellen sind schier unbegrenzt.

ÜBUNG: *Denken Sie über einen passenden Anreiz nach, mit dem Sie Analogien zu Ihrem Auftrag ziehen können. Das kann ganz einfach sein, wie eine gründliche Untersuchung aller Objekte in einem Raum. Kombinieren Sie das, falls nötig, mit den Techniken Bilderplattformen oder Zufällige Wörter aus 15 und 16. Halten Sie alle Gedanken fest, die dabei generiert werden.*

TEIL DREI

ENTWICKELN UND VERSTEHEN
VON IDEEN

EIN HINWEIS

ZUM ENTWICKELN UND

VERSTEHEN VON IDEEN

Die zehn Ansätze im vorherigen Teil sollten ausreichen, um eine gewisse Vielfalt in die meisten Ideensitzungen zu bringen.

Es ist jedoch möglich, dass Sie bei einem besonders heiklen Auftrag alle anwenden und dennoch kein befriedigendes Ergebnis erhalten.

Hier sind deshalb fünf weitere, gefolgt von einigen Techniken, die Ihnen helfen zu verstehen, wie das Hirn auf Ideen kommt und diese enthüllt. Einige sind etwas esoterischer – mit Absicht, da ein obskurer Blickwinkel exakt das sein könnte, was Ihr Problem braucht.

Der Geist arbeitet am besten, wenn er entspannt ist. Wenn man versteht, wie das geht, kann man die Panik umgehen, die oft einsetzt, wenn man »festhängt«. Sie können dann feststellen, wie Sie junge Ideen vernünftig hegen und pflegen und mit Elementen der Bearbeitungsprozesse fortfahren, die wir in Teil Vier gründlicher untersuchen werden.

21. PFLASTERSATZ

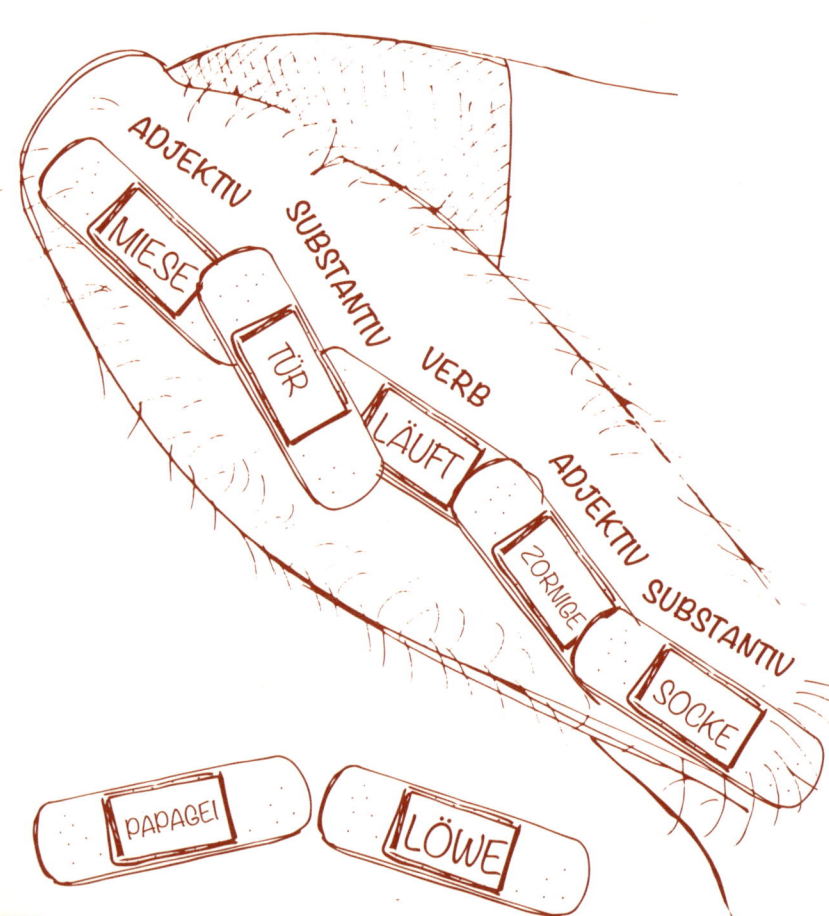

❋ Wir beginnen diesen Teil mit einer ziemlich seltsamen Idee – dem *Pflastersatz*.

❋ 1925 erfand eine Gruppe surrealistischer Künstler in Paris ein Spiel, bei dem jede Person heimlich an ein Wort in der Abfolge Adjektiv, Substantiv, Verb, Adjektiv, Substantiv dachte.

❋ Der erste Satz, der bei ihnen herauskam, lautete: *»Le cadavre exquis boira le vin nouveau.«* Der herrliche Leichnam trinkt den neuen Wein. Genau.

❋ Seltsam, nicht wahr?! Aber schließlich waren es Surrealisten.

❋ Bei einer Ideensitzung kann jede Komponente des neuen Satzes dazu verwendet werden, um den Auftrag zu untersuchen.

❋ So könnten z. B. »herrlich« und »neu« zu neuen Beschreibungen Ihres Produkts führen, »Leichnam« könnte die Gruppe zwingen, körperliche Vorteile zu untersuchen, und »trinken« könnte zu einem neuen Ausblick auf die Verzehrgewohnheiten des Kunden führen.

❋ In dieser Technik wird das Ausräumen von Zweifeln verlangt.

❋ Generieren Sie die Adjektive, Substantive und Verben in der korrekten Reihenfolge. Sie könnten auch die Teilnehmer dazu auffordern oder sie ähnlich wie beim *Zufällige Wörter*-Beispiel (16) aus Referenzquellen wählen.

ÜBUNG: *Entscheiden Sie sich für eine Methode der Wörterwahl – selbst von den Teilnehmern generiert oder Referenzmaterial entnommen. Legen Sie die Anzahl der gewünschten Sätze fest. Entscheiden Sie, ob alle auf einmal generiert und zusammen begutachtet werden sollen oder ob Sie sie nacheinander anschauen möchten. Untersuchen Sie mit Hilfe der Sätze dann neue Perspektiven auf den Auftrag.*

22. KONZEPTUELLES MISCHEN

KONZEPT EINS

KONZEPT ZWEI

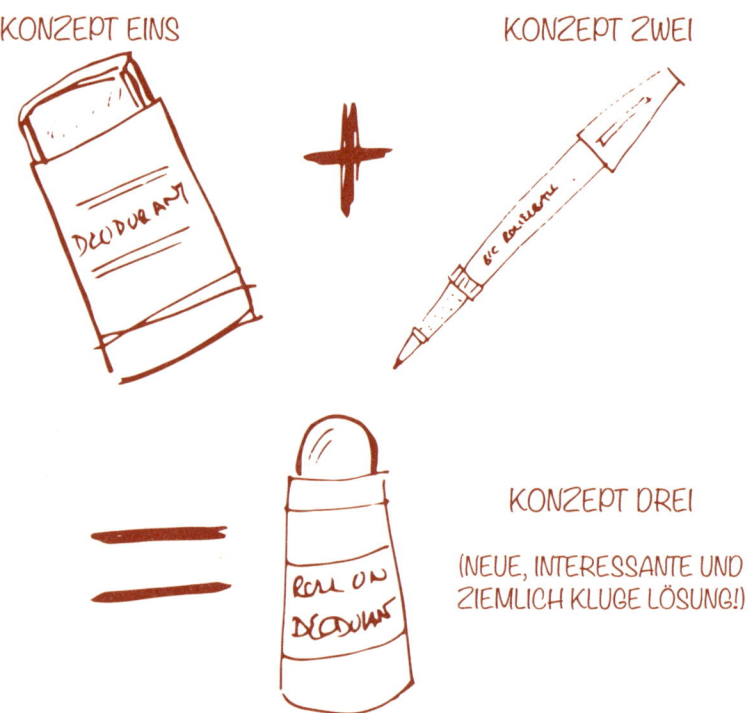

KONZEPT DREI

(NEUE, INTERESSANTE UND ZIEMLICH KLUGE LÖSUNG!)

✳ Die Glühlampe ist zum Symbol bzw. zur Metapher für eine Idee geworden. Die Spanier sagen: »Se me encendio la bombillo.« – »Meine Lampe ist angegangen.«

* Einige der besten Ideen stammen daher, dass man eine Idee nimmt und mit anderen mischt, um eine dritte zu erzeugen, die direkt mit dem neuen Problem hilft.

* Der Begriff des *Mischens von Konzepten* wurde von Jonah Lehrer in seinem Buch *Imagine* geprägt. Diese Technik findet eine Überschneidung zwischen scheinbar nicht miteinander verwandten Gedanken – es ist entscheidend für die Originalität, dass man es schafft, separate Ideen gemeinsam in seinem Geist existieren zu lassen.

* Beginnen Sie mit etwas, das wir bereits wissen. In diesem Fall könnte das der Auftrag selbst sein oder eine spezielle Komponente davon.

* Fügen Sie dann etwas hinzu, das wir bereits wissen. Es muss etwas sein, das nichts mit Idee Nr. 1 zu tun hat.

* Vermischen Sie nun die beiden, um eine dritte Idee zu entwickeln.

* Beispiel: 1. Deodorant. 2. Kugelschreiber. 3. Deoroller.

* Ein anderes Beispiel: 1. Bier 2. Mobiltelefon. 3. Vorab bestellter Drink in einer Bar.

ÜBUNG: *Identifizieren Sie eine Idee oder ein Konzept (das könnte der Auftrag sein oder einfach nur eine Produkteigenschaft). Entscheiden Sie, wie Sie – durch Vorbereitung oder mit Hilfe der Teilnehmer – eine Reihe zweiter, nicht damit verwandter Ideen generieren. Denken Sie sich ruhig viele aus, da Sie nicht vorhersagen können, aus welcher Kombination die hilfreiche dritte Idee entstehen wird. Untersuchen Sie alle dritten Ideen auf ihr Potenzial hin.*

23. FREMD ODER VERTRAUT?

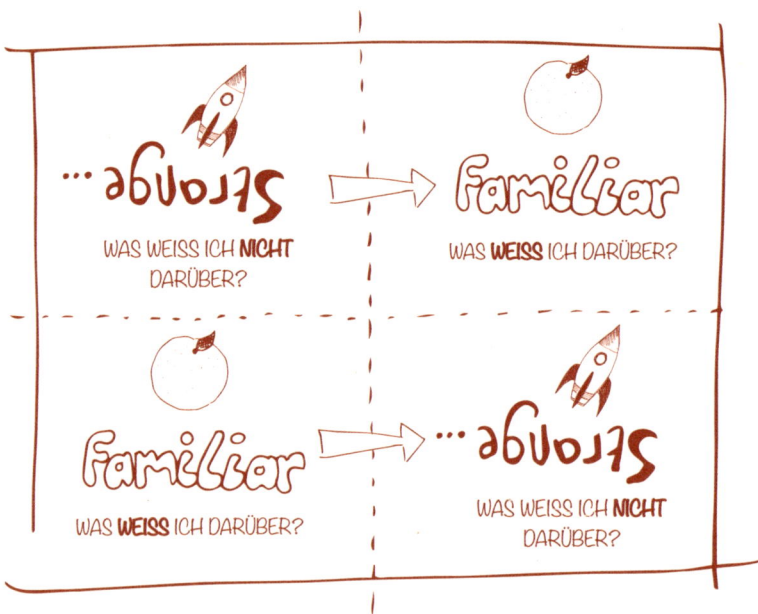

WAS WEISS ICH **NICHT** DARÜBER?

WAS **WEISS** ICH DARÜBER?

WAS **WEISS** ICH DARÜBER?

WAS WEISS ICH **NICHT** DARÜBER?

* Dies ist eine Technik, die von John Adair in seinem ausgezeichneten Buch *The Art Of Creative Thinking* vertreten wird.

* Wir wissen, dass es beim Entdecken einer unbekannten Idee hilft, wenn man auf eine Analogie stößt, die etwas über die Richtung aussagt. Der umgekehrte Prozess – das Vertraute fremd zu machen – ist für den kreativen Denker ebenfalls sinnvoll.

✳ Diese Technik besitzt zwei Seiten:
1. Nehmen Sie etwas, das Sie seltsam oder schwer verständlich finden. Wie wäre es mit einem Düsenflugzeug? Stellen Sie fest, was Sie darüber *wissen*, finden Sie mehr heraus und setzen Sie Ihre Erkenntnisse ein, um Ideen zu entwickeln.
2. Nehmen Sie etwas, mit dem Sie sehr vertraut sind. Wie wäre es mit einer Orange? Untersuchen Sie es nun um herauszufinden, was Sie *nicht* darüber wissen.

✳ Mehr über etwas herauszufinden, ist logischerweise nützlich. Das Vertraute fremd zu machen, scheint kontraproduktiv zu sein, dabei führt Vertrautheit zu Anpassung. Mit anderen Worten, wir hören auf, über Dinge nachzudenken, mit denen wir vertraut sind – wenn wir sie dagegen als eigenartig, problematisch oder unbefriedigend betrachten, weckt das unsere Neugier und führt zu besseren Antworten.

✳ Sobald Sie diese Technik verstanden haben und wissen, wohin sie führen kann, bereiten Sie eine Reihe von Objekten oder Themen vor, auf die Sie sie anwenden.

ÜBUNG: *Entscheiden Sie, welche vertrauten Dinge Sie untersuchen wollen. Das könnte Ihr Produkt oder Ihre Dienstleistung oder auch Aspekte von diesen sein, aber auch ein normales Objekt wie eine Orange oder eine Flasche. Wählen Sie dann fremdartige Dinge für die Untersuchung. Legen Sie fest, ob Sie diese nacheinander betrachten und Ideen festhalten wollen oder ob Sie Ihren Teilnehmern gleich alle anbieten wollen, damit diese selbst wählen können.*

24. VIERECKENRUNDGANG

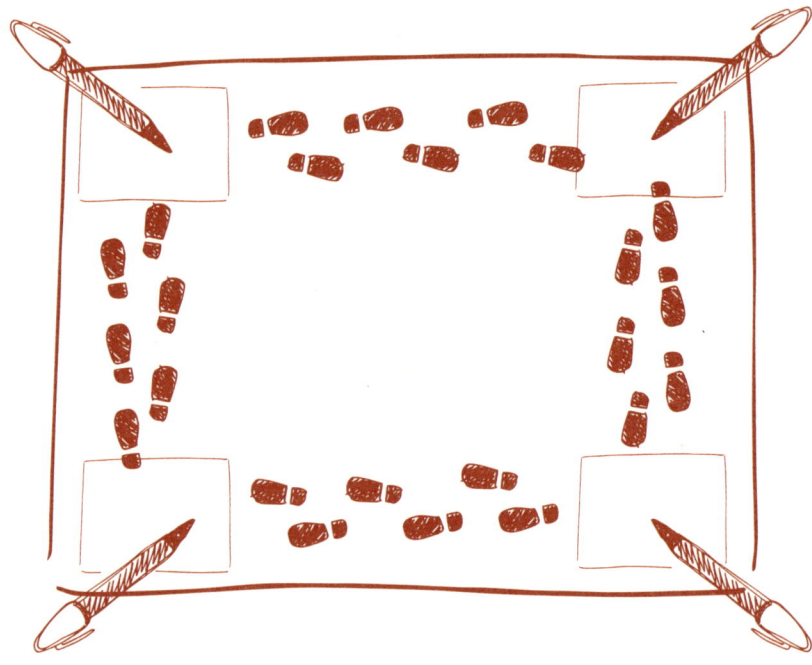

* Diese Technik ist einfach und fast immer überraschend.

* Einer ihrer größten Pluspunkte besteht darin, dass sie dynamisch ist und unweigerlich zu interessanten Ansätzen führt, aber immer komplett im Auftrag verankert ist.

* Zuerst brauchen Sie einen Raum, der groß genug ist, damit Ihre Teilnehmer darin herumlaufen können. Das kann ein großer Raum sein, oder vielleicht reicht es, wenn Sie Möbel verrücken oder einen Konferenztisch entfernen.

* Nehmen Sie dann vier große Blätter Papier.

* Wählen Sie vier entscheidende Wörter aus dem Auftrag und schreiben Sie je eines davon auf jeweils eines der Blätter.

* Platzieren Sie die Blätter in den vier Ecken des Raums.

* Geben Sie dem ersten Teilnehmer einen Textmarker, schicken Sie ihn in eine Ecke und bitten Sie ihn, den ersten Gedanken aufzuschreiben, der ihm bei dem dort vermerkten Wort kommt.

* Schicken Sie ihn in eine andere Ecke und senden Sie den nächsten Teilnehmer zum ersten Blatt.

* Schicken Sie alle immer wieder herum, um auf dem aufzubauen, was aufgeschrieben wurde. Machen Sie solange weiter, bis alle Blätter voll sind.

* Diese Technik erreicht drei Dinge:
  1. Laterale Ansätze sind untrennbar mit dem Auftrag verknüpft.
  2. Überraschung und Stimulation für die Teilnehmer, wenn sie sehen, wie ihre Ideen anderen als Grundlage für noch bessere Ideen dienen.
  3. Menschen haben bessere Ideen, wenn sie in Bewegung sind.

ÜBUNG: *Wählen Sie vier wichtige Wörter aus dem Auftrag. Schreiben Sie sie auf vier Blätter. Schicken Sie das Team herum, um die Wörter zu ergänzen. Wenn die Blätter voll sind, untersuchen Sie sie daraufhin, ob sich neue Richtungen ergeben haben. Ist das erfolgreich, wählen Sie vier weitere Wörter von diesen Blättern und wiederholen Sie die Übung so oft wie nötig.*

25. ÜBERFLIEGER

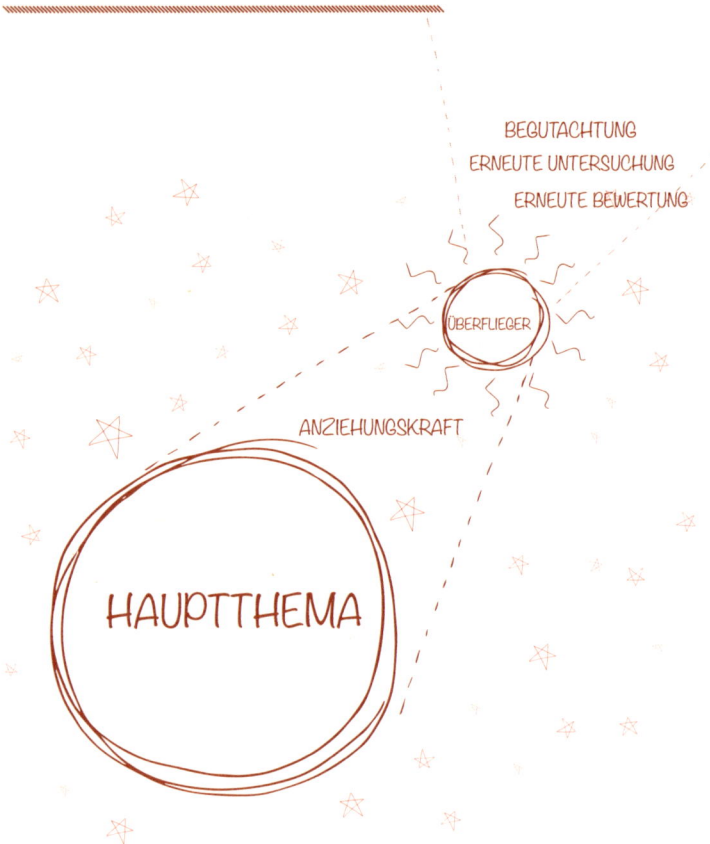

BEGUTACHTUNG
ERNEUTE UNTERSUCHUNG
ERNEUTE BEWERTUNG

ÜBERFLIEGER

ANZIEHUNGSKRAFT

HAUPTTHEMA

✳ Geht es um frische Ideen, ist der Kram an den Rändern oft am interessantesten. Deshalb lohnt es sich, das ganze vertraute Material so schnell wie möglich vom Tisch zu bekommen, um auf diese Weise Zeit und Energie für etwas wirklich Neues zu haben.

* In seinem Buch *Überflieger* weist Malcolm Gladwell darauf hin, dass Kontext absolut entscheidend ist – selten nur ist der vorgebliche Grund für etwas entscheidend.

* Nassim Nicholas Taleb bezeichnet dieses Gebiet als Extremistan. Alles Interessante geschieht an den Rändern und eine einzige Überfliegerbeobachtung kann unglaubliche Auswirkungen haben.

* Anstatt sich also auf die allgemein anerkannte Sicht im Zentrum Ihres Auftrags zu konzentrieren, suchen Sie an den Rändern nach Ausreißern und Überfliegern.

* Was ist das Seltsamste an diesem Auftrag/Markt/Produkt/dieser Herausforderung?

* Was scheint eine völlige Anomalie zu sein?

* Seien Sie skeptisch über alles, was sich völlig von allem anderen unterscheidet. Begutachten Sie es. Untersuchen Sie es erneut in einem neuen Licht. Bewerten Sie seine mögliche Relevanz in Bezug auf den Auftrag. Stellen Sie fest, ob es eine Anziehung zwischen diesem und dem zentralen Thema gibt.

> **ÜBUNG:** *Identifizieren Sie den eigenartigsten Überflieger in dem Auftrag oder bitten Sie die Teilnehmer, es zu tun. Analysieren Sie ihn gründlich um festzustellen, warum er dort ist, wo er ist. Schätzen Sie Ihre Optionen basierend auf dieser extremen Sicht neu ein und stellen Sie fest, ob sich eine neue Sicht für Ihren Auftrag ergibt.*

26. DIE ENTHÜLLUNG

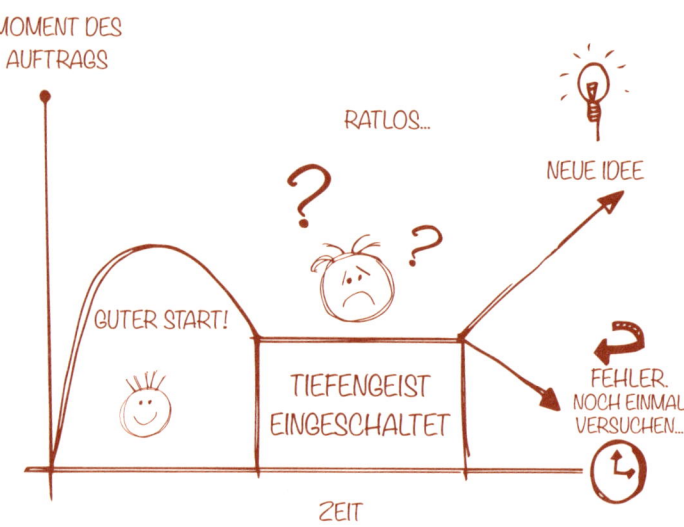

* Wie messen Sie die Fantasie oder quantifizieren eine Erleuchtung? Neue Forschung hat unser Verständnis dafür verbessert.

* Musen, höhere Mächte und kreative »Typen« sind Mythen – Kreativität ist keine »Gabe«, die nur einige von uns besitzen – es ist ein Allerweltsbegriff für eine Vielzahl verschiedener Denkprozesse, die wir effektiver einsetzen können.

* Ärgerlicherweise kommt uns eine Antwort oft erst dann in den Sinn, wenn wir aufgehört haben, danach zu suchen.

* Durchbrüche folgen oft auf eine »*Phase der Ratlosigkeit*«, in der das Hirn nach Antworten gesucht, aber keine gefunden hat.

* Zu versuchen, einen Einblick zu erzwingen, kann daher allzu oft den Einblick in Wirklichkeit verhindern – Ideen kommen normalerweise, wenn der Geist abgelenkt ist oder sich entspannen darf. Laut Jonah Lehrer sollten Sie sich deshalb darauf *konzentrieren, nicht konzentriert zu sein.*

* Das Hirn besitzt einen Bereich für das Kurzzeitgedächtnis (den präfrontalen Cortex). Dieser erfasst flüchtige Gedanken, die darauf warten, zusammengefügt zu werden und für einen Durchbruch zu sorgen.

* Ideen entstehen aus reiner Hartnäckigkeit. Wenn Sie schwer genug an etwas arbeiten, kommt es irgendwann zu einer *Enthüllung*, in der Ihnen Sie »plötzlich« die Erleuchtung kommt.

ÜBUNG: *Probieren Sie zuerst eine der Techniken in diesem Buch in einem konzentrierten Vorgehen aus. Großartig, falls Ihre Anstrengungen das Problem knacken. Tun sie es nicht, hören Sie auf und ignorieren das Problem eine Weile. Ihr Tiefengeist (siehe nächste Seite) ist schon unterrichtet. Warten Sie dann entweder auf die Enthüllung (die jedem Teammitglied passieren könnte, wenn es sie am wenigsten erwartet) oder rufen das Team erneut zusammen, um das Problem noch einmal anzugehen.*

27. TRAINIEREN SIE IHREN TIEFENGEIST

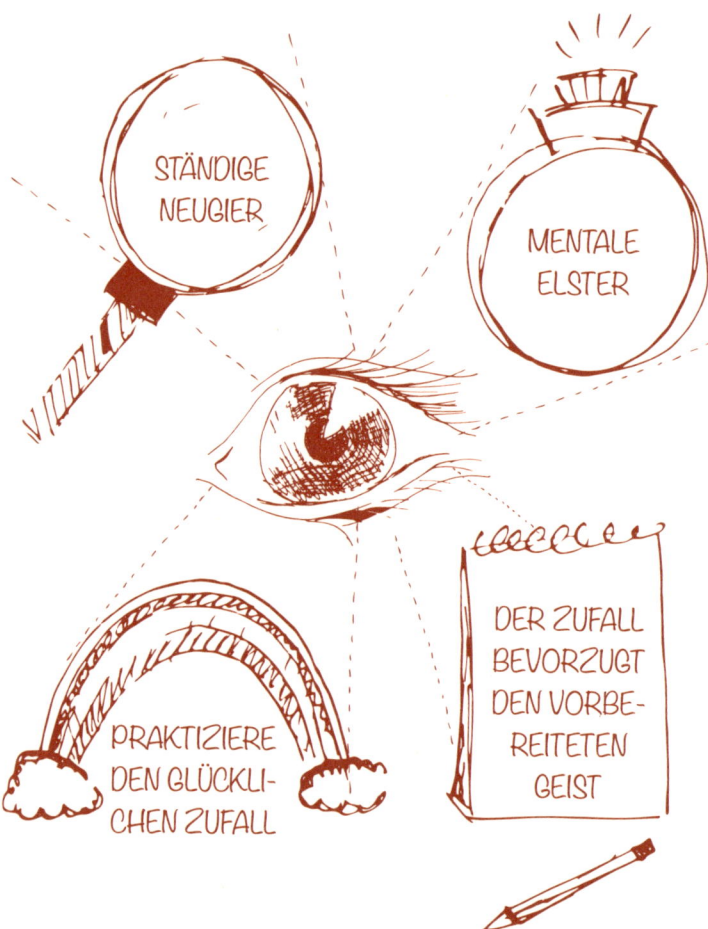

STÄNDIGE NEUGIER

MENTALE ELSTER

PRAKTIZIERE DEN GLÜCKLI-CHEN ZUFALL

DER ZUFALL BEVORZUGT DEN VORBE-REITETEN GEIST

* Für kreative Denker ist es ungemein wichtig, ihren Tiefengeist besser zu nutzen.

* Ihr Tiefengeist ist Ihr Unterbewusstsein. Nachdem Sie einmal eine *Enthüllung* erlebt haben – üblicherweise an einem dritten Ort, wenn Sie ziemlich entspannt sind und etwas anderes tun –, beginnen Sie darauf zu vertrauen, dass Ihr Tiefengeist die Dinge für Sie richtet und Lösungen generiert, wenn Sie ihn erst einmal »informiert« haben.

* Das geschieht jedoch nicht automatisch. Sie müssen Ihren Tiefengeist trainieren, und zwar auf verschiedene Weisen:
  1. Seien Sie immer neugierig.
  2. Praktizieren Sie den glücklichen Zufall (je mehr Sie nachdenken, umso mehr erscheint es Ihnen, als seien Sie »zur richtigen Zeit am richtigen Ort«).
  3. Werden Sie eine mentale Elster (die oft und an seltsamen Orten Anreize sammelt).
  4. Weiten Sie Ihre Relevanzspanne aus (viele Erfindungen stammen von Leuten, die in ganz anderen Bereichen arbeiten, und, wie man so sagt, der Zufall bevorzugt den vorbereiteten Geist).

ÜBUNG: *Untersuchen Sie den Auftrag und unternehmen Sie dann nichts. Stellen Sie stattdessen einen Plan auf, wie Sie Ihren Geist im Laufe der nächsten Tage einigen ungewöhnlichen, nicht mit der Arbeit verbundenen Anreizen aussetzen. Schaffen Sie ein System zum Festhalten Ihrer Beobachtungen. Untersuchen Sie am Ende dieser dienstfreien Periode diese Gedanken im Kontext des Auftrags. Es könnte sogar schon vorher zu einer Enthüllung kommen. Bringen Sie notfalls Kollegen dazu, dasselbe zu tun.*

28. VON ENTEN ZU TODE GEPICKT

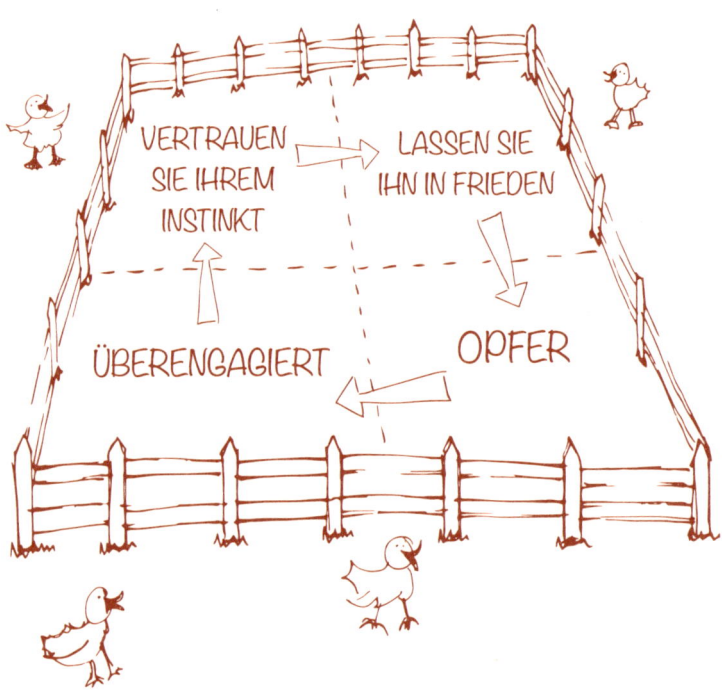

* Hier kombinieren wir das Denken mehrerer Experten, um eine Technik zu schaffen, die auf zwei Seiten desselben Problems achtet. *Von Enten zu Tode gepickt* soll:
  1. Einer Idee erlauben, anständig aufzublühen.
  2. Verhindern, dass sie auseinandergenommen wird, bevor sie überhaupt eine Chance hatte, sich zu entfalten.

* Viele Unternehmen (und Einzelpersonen) haben mehr Kreativität, als ihnen bewusst ist, aber sie unterdrücken sie unabsichtlich oder lenken sie in die falsche Richtung.

* Es gibt eine Zeit und einen Ort, um Ideen zu beurteilen, worauf wir im nächsten Teil ausführlich eingehen werden. Im Embrionalstadium sollten Ideen jedoch nicht verwässert werden, bevor ihr volles Potenzial untersucht wurde.

* Um also dem Tod durch Picken zu entgehen, unterziehen wir die Idee vier Untersuchungen:
  1. Vertrauen Sie Ihrem Instinkt: Mögen Sie sie?
  2. Lassen Sie sie in Frieden: Lassen Sie sich nicht hinreißen, damit herumzuspielen.
  3. Opfer: Was würden Sie opfern, um sie wahrwerden zu lassen?
  4. Überengagiert: Wie könnten Sie ihr jede mögliche Ressource widmen?

* Die letzten beiden stammen aus Adam Morgans Buch *Eating the Big Fish*.

ÜBUNG: *Sammeln Sie die besten Ideen, die Sie bisher hatten. Unterziehen Sie sie jeweils dem vierstufigen Prozess. Falls Sie den Verdacht haben, dass einige der Ideen bereits verwässert wurden, gehen Sie zu ihrer ursprünglichen Quelle zurück und untersuchen Sie ihre unverfälschte Form. Falls nötig, rufen Sie die Gruppe noch einmal zusammen, um die Idee erneut unter die Lupe zu nehmen.*

29. POST-IT-ABSTIMMUNG

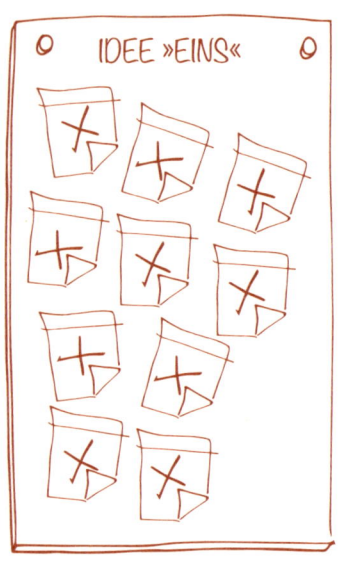 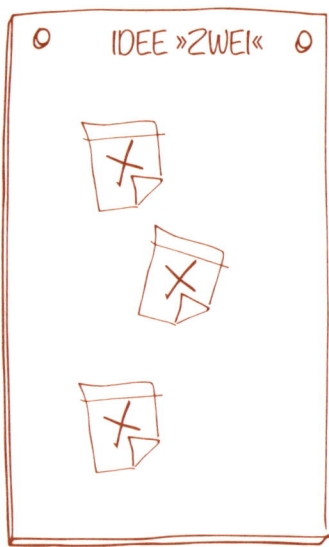

* Mit diesem Arsenal an Techniken sollten wir wirklich in der Lage sein, einige ausgezeichnete Ideen zu generieren, um praktisch jeden Auftrag auszuführen.

* Sobald jedoch die Ideen anfangen zu fliegen, werden Sitzungen schnell unruhig. Eine unangenehme Folge dessen kann sein, dass die Teilnehmer unabsichtlich zu viel Zeit auf Ideen verwenden, die eigentlich nicht sehr hilfreich sind. Das wird im Eifer des Gefechts oft nicht bemerkt.

* Eine ausgezeichnete Methode, um die Produktivität einer Sitzung unter Kontrolle zu halten, bietet die Technik der *Post-It-Abstimmung*.

* Sobald eine Idee angemessen artikuliert wurde, halten Sie sie auf einer Karte fest und kleben diese an eine Wand. Im Verlauf der Sitzung muss der Sitzungsleiter abschätzen, ob es genügend Ideen zum Begutachten gibt oder ob ausreichend Zeit verstrichen ist, um eine Begutachtung zu rechtfertigen.

* Rufen Sie an dieser Stelle eine Pause für alle anderen aus und organisieren Sie, während diese eine Zigarette rauchen oder ihre E-Mails checken, das Material in einer Form, die sich für eine Begutachtung eignet.

* Geben Sie nach der Pause Post-It-Zettel aus und bitten Sie alle, für die Ideen abzustimmen, die sie für die besten halten.

* Das kann auf vielerlei Weise geschehen. Sie können eine begrenzte Anzahl an Stimmen zulassen (z. B. 3). Sie können um eine Rangfolge (1, 2, 3 – mit unterschiedlichen Farben) bitten. Oder Sie lassen es einfach aufschreiben.

* Dies erlaubt es Ihnen, nutzlose Richtungen auszuschließen.

ÜBUNG: *Wählen Sie einen Zeitraum oder eine Menge. Wenn dieser Augenblick erreicht ist, legen Sie eine Pause ein, gefolgt von einer Abstimmung. Diskutieren Sie die Implikationen und fahren Sie dann fort. Wiederholen Sie das regelmäßig.*

* Es gibt nichts schlimmeres als ein sich hinziehendes Brainstorming, bei dem auf einem toten Pferd herumgeritten wird.

* Obwohl es wichtig ist, neue Ideen in ihrem Frühstadium aufblühen zu lassen und nicht zu verwässern, kommt irgendwann der Zeitpunkt, zu dem man sich entscheiden muss.

* Die *Lass es sein*-Technik mag in der allerersten Sitzung für einen bestimmten Auftrag nicht relevant sein, wird es aber, wenn etwas länger läuft oder auf einem vorhandenen Problem aufbaut.

* Die Frage ist direkt und einfach: Ist diese Idee wirklich gut? Die einzigen zulässigen Antworten sind Ja oder Nein.

* Ja bedeutet weiterzumachen und sie zu entwickeln.

* Nein bedeutet, sie fallenzulassen und keine weitere Zeit zu verschwenden.

* In großen informatorischen Sitzungen kann es sinnvoll sein, eine begrenzte Anzahl von *Lass es sein*-Karten (z. B. 3) an alle Teilnehmer auszugeben – selbst wenn sie die ersten bei diesem speziellen Auftrag sind.

* Glaubt ein Teilnehmer, eine Idee sei so schlecht, dass man sie sofort fallenlassen sollte, kann er diese Karte wie einen Joker ausspielen. Damit löst er dann entweder eine klare und überzeugende Verteidigung der Idee aus oder beweist, dass sie wirklich schlecht ist und nicht weiter verfolgt werden sollte.

ÜBUNG: *Nehmen Sie eine Reihe von Ideen, die bereits generiert wurden, und berufen Sie eine Besprechung ein. Geben Sie Lass-es-sein-Karten aus und schauen Sie sich an, wie das Material sortiert wird. Falls Sie eine komplizierte Sitzung mit vielen Ideen erwarten, teilen Sie die Karten vorher aus und erklären Sie die Regeln.*

TEIL VIER

BEWERTEN

VON IDEEN

EIN HINWEIS
ZUM BEWERTEN VON IDEEN

Es ist wahr, dass viele Leute nicht in der Lage sind, eine Idee zu erkennen, geschweige denn zu entscheiden, ob sie gut oder schlecht ist.

Das Beurteilen von Ideen gelingt denjenigen ganz »natürlich«, die damit schon ihr ganzes Leben lang zu tun hatten – üblicherweise in einer kreativen Branche.

Angenommen, wir haben jetzt viele Ideen. Nun besteht die nächste Herausforderung darin zu entscheiden, welche weiterverfolgt werden.

Die meisten Brainstormings generieren viel zu viele Ideen. Oft bleiben sie dann in einer Schublade liegen – sie sind zu beängstigend, um sich mit ihnen zu befassen.

In diesem Teil geht es daher darum festzustellen, was eine Weiterentwicklung verdient und was nicht. Genauso wichtig ist es zu wissen, was man nicht machen wird.

Wir nehmen hier einige der stärksten Konstrukte aus dem Buch der Diagramme und nutzen sie, um Ideen zu beurteilen.

31. DIE POTENZIALPYRAMIDE

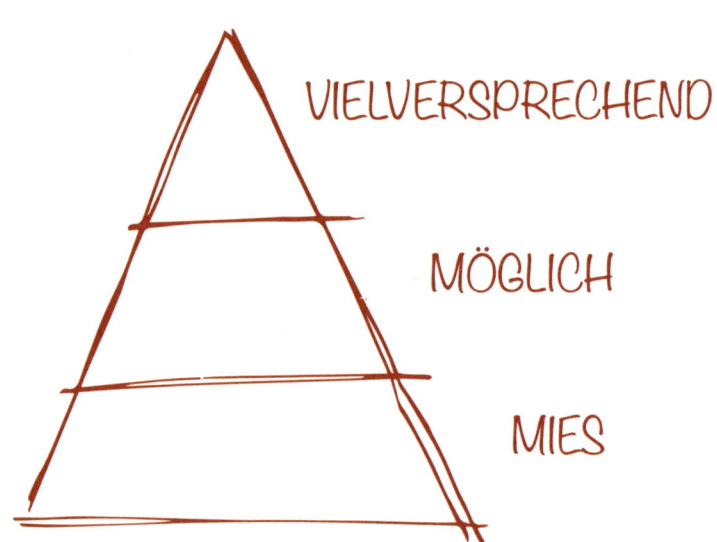

VIELVERSPRECHEND

MÖGLICH

MIES

* *Die Potenzialpyramide* ist sehr hilfreich, wenn man viele Ideen in breiten Gruppen zusammenfassen möchte, um einen ersten Eindruck von deren Umfang und Potenzial zu erhalten.

* Sie können natürlich eigene Begriffe wählen – ich habe hier Vielversprechend, Möglich und Mies benutzt.

* Vielversprechend bedeutet, dass alle sich einig sind, dass die Idee Potenzial besitzt, obwohl die Details noch nicht klar sind. Das spielt aber keine Rolle.

* Möglich bedeutet, dass es Bedenken gibt, aber weitere Untersuchungen zum Beweisen/Widerlegen des Potenzials durchaus gerechtfertigt sind.

* Mies bedeutet, dass es beträchtliche Zweifel an den Ideen gibt. Viele Ideen scheinen auf den ersten Blick großartig zu sein, im Rückblick halten sie aber einer Überprüfung nicht stand.

* Schreiben Sie in jede Schicht die Anzahl der Ideen. Wenn es mehr als eine in der vielversprechenden Ebene gibt, könnte das schon ausreichen. Gibt es keine, schauen Sie in die Ebene der möglichen Ideen und überlegen Sie genauer, wofür Sie Zeit aufwenden wollen.

* Gibt es genügend Potenzial in einer der beiden Schichten, lassen Sie alles fallen, was in der untersten Schicht gelandet ist.

ÜBUNG: *Breiten Sie alle generierten Ideen aus. Wie viele sind es insgesamt? Wie viele befinden sich jeweils in den drei Kategorien? Falls es keine vielversprechenden Ideen gibt, suchen Sie unter den möglichen Ideen. Reicht das Potenzial in den beiden oberen Schichten, verwerfen Sie den Rest und konzentrieren Sie Ihre Ressourcen auf die entscheidenden Stellen.*

32. DER ENTSCHEIDUNGSKEIL

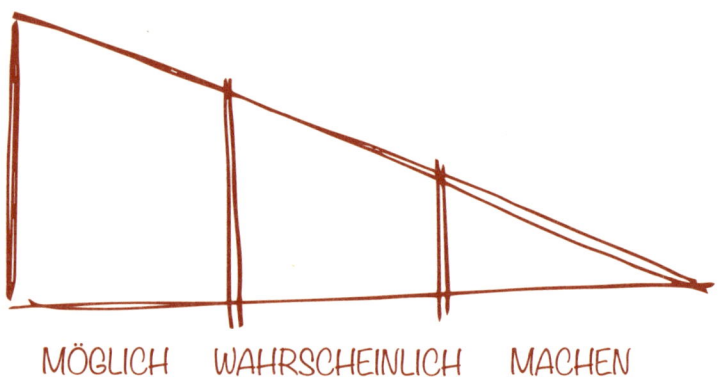

MÖGLICH   WAHRSCHEINLICH   MACHEN

* *Der Entscheidungskeil* ist eine hilfreiche alternative Methode, um den Wert von Ideen zu betrachten.

* Er kann entweder benutzt werden, nachdem mit der *Potenzialpyramide* die schwachen Konzepte entfernt wurden. Oder man nimmt ihn für einen praktischeren Ansatz.

* Diese Technik analysiert die Ideen nicht so sehr anhand ihrer rein kreativen Vorzüge, sondern nach ihrer Praktikabilität.

* Der Möglich-Abschnitt sollte alle Ideen enthalten, die möglicherweise umgesetzt werden könnten.

* Das ist jedoch nicht identisch mit dem Wahrscheinlich-Abschnitt, in dem die Zahl je nach Wahrscheinlichkeit und verfügbaren Ressourcen – die natürlich endlich sind – schon deutlich geringer ist.

* Der Machen-Abschnitt bedeutet nicht unbedingt, dass die fertige Idee das Tageslicht erblicken wird, sondern dass sie in diesem frühen Stadium der Beurteilung als ausreichend vielversprechend angesehen wird, um in die nächste Entwicklungsstufe überzugehen.

* Wichtig ist, dass die Anzahl der Ideen in den einzelnen Abschnitten für das Unternehmen und die Ressourcen, die ihm zur Verfügung stehen, völlig realistisch sind.

ÜBUNG: *Nehmen Sie alle möglichen Ideen und überprüfen Sie sie auf praktische Machbarkeit. Legen Sie eine Pause ein oder beziehen Sie neue Leute in den Prozess mit ein. Beurteilen Sie die Ideen dann nach Wahrscheinlichkeit – wie wahrscheinlich lassen sich die Ideen umsetzen. Sorgen Sie dafür, dass die Zahl im Machen-Abschnitt realistisch ist.*

33. DAS BEWERTUNGS-DREIECK

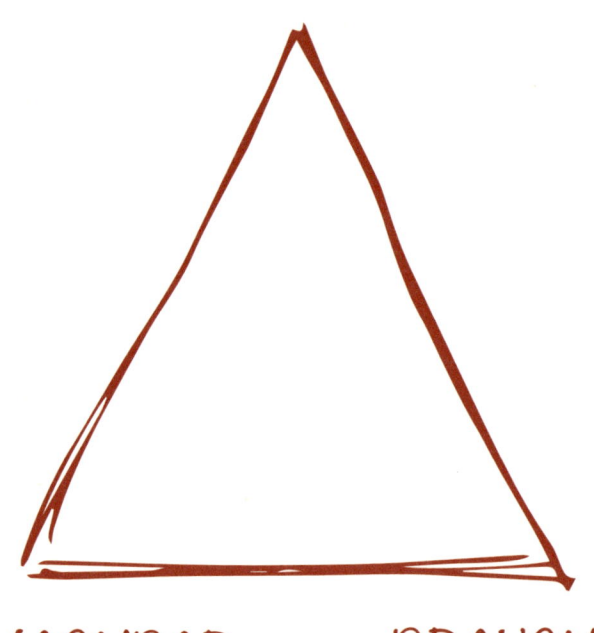

IM AUFTRAG

MACHBAR   BRAUCHBAR

* *Das Bewertungsdreieck* erlaubt es, Ideen auf ihren Sinn zu testen.

* Ist die Idee im Auftrag zu finden? Falls nicht, machen Sie gar nicht erst weiter.

* Ist sie machbar? Falls sie nicht realisiert werden kann, zählt sie nicht als echte Idee.

* Lohnt sie sich? Falls die finanzielle Seite nicht ausreichend ist, wird die Idee niemandem nützen.

* Ganz im Gegensatz zum Meatloaf-Song *Two Out Of Three Ain't Bad* sollten Sie in der Lage sein, alle drei Kriterien sicher abzuhaken, um damit zu bestätigen, dass es sich lohnt, die Idee weiter zu verfolgen.

ÜBUNG: *Unterziehen Sie alle Ideen nacheinander einer gründlichen Prüfung. Sobald sie in Bezug auf eins der Kriterien durchfallen, lehnen Sie sie ab oder ändern Sie sie grundlegend, um sie akzeptabel zu machen.*

34. DAS ORIGINALITÄTS-TABLEAU

GUT

ABGELEITET

ORIGINELL

ANALYSIERE VOR- UND NACHTEILE VON ABLEITUNGEN

WEITERMACHEN UND BENUTZEN, UM ZU MEHR ZU INSPIRIEREN

SOFORT LOSWERDEN

ANALYSIERE WIESO, KORRIGIERE KURS UND GENERIERE NEUE IDEEN

SCHLECHT

* Dieses Diagramm hilft Ihnen dabei, die guten und die schlechten Elemente Ihrer Ideen zu entflechten und die relativen Vorteile einer gewissen Originalität zu untersuchen.

* Die vertikale Achse reicht von Schlecht (unten) zu Gut (oben).

* Die horizontale Achse reicht von Abgeleitet (links) bis Originell (rechts).

* Falls Sie mehrere Ideen im Segment »Gut und Originell« haben, dann könnten Sie einfach diese entwickeln und den Rest ignorieren.

* Ideen im Bereich »Gut und Abgeleitet« sind nicht unbedingt schlecht. Analysieren Sie die Vor- und Nachteile abgeleiteter Ideen. Manchmal ist das absolut akzeptabel, etwa in einem Markt, in dem Ihre »Vorgänger« Fehler gemacht und wichtige Lehren weitergegeben haben.

* »Originelle und Schlechte« Ideen sollten vermutlich abgelehnt werden. Es schadet aber auch nicht, schnell noch einmal zu prüfen, ob wirklich nichts zu verbessern ist.

* Alles im Abschnitt »Abgeleitet und Schlecht« sollte am besten sofort fallengelassen werden.

ÜBUNG: *Nehmen Sie eine Reihe von Ideen und ordnen Sie sie den einzelnen Quadranten zu. Falls eine anständige Anzahl von ihnen im Feld »Gut und Originell« landet, verfolgen Sie sie weiter und lassen Sie die anderen fallen. Falls nicht, stellen Sie fest, was gemacht werden muss, um die verbleibenden Ideen zu verbessern.*

35. DAS IDEEN-RELEVANZ-DIAGRAMM

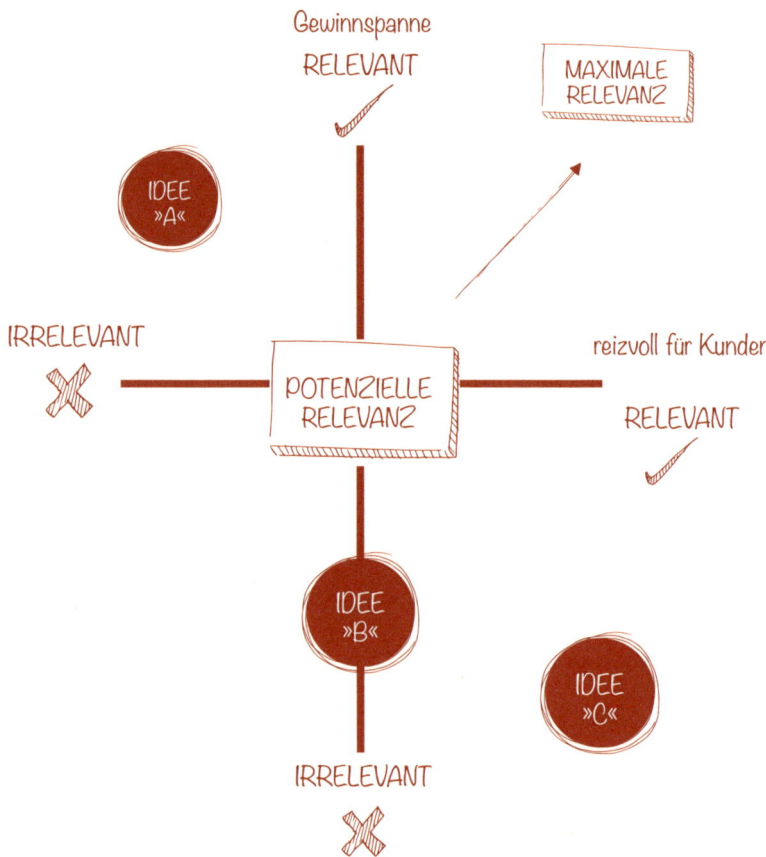

* *Das Ideen-Relevanz-Diagramm* bildet eine effektive und hoch flexible Methode, um Klarheit zu schaffen, wenn man Ideen betrachtet.

* Es ist besonders hilfreich, wenn ein Produkt oder eine Kategorie viele unterschiedliche Kriterien hat, die den Erfolg oder Misserfolg einer Idee bestimmen könnten.

* Wählen Sie zuerst zwei wichtige Variablen aus, die etwas über die Relevanz der Idee aussagen. Probieren Sie es z. B. mit der Gewinnspanne an der einen Achse und dem Reiz für den Kunden an der anderen.

* Platzieren Sie beim Zeichnen der Achsen die höchste Relevanz nach rechts oben.

* Setzen Sie die Ideen an die passenden Stellen auf dem Raster.

* Wiederholen Sie diese Übung mit unterschiedlichen Kombinationen aus Kriterien, bis alle wichtigen Kriterien im Markt abgedeckt wurden.

* Ideen, die stets oben rechts auftauchen, haben das größte Potenzial.

* Ideen, die immer unten links stehen, sollten verworfen werden.

* Ideen, die irgendwo in der Mitte herumhängen, haben Potenzial, müssen aber untersucht und bearbeitet werden, um sie in den oberen rechten Quadranten zu verschieben.

ÜBUNG: *Identifizieren Sie die wichtigsten Variablen, die die Relevanz einer Idee in Ihrem Markt oder Ihrer Kategorie bestimmen könnten. Ermitteln Sie, wie viele Diagramme dazu nötig sind. Zeichnen Sie sie und setzen Sie die Ideen ein. Wiederholen Sie das so oft wie nötig, um Gewinner zu ermitteln oder festzustellen, was getan werden muss, um die Relevanz zu verbessern.*

36. DIE IDEEN-MUT-SKALA

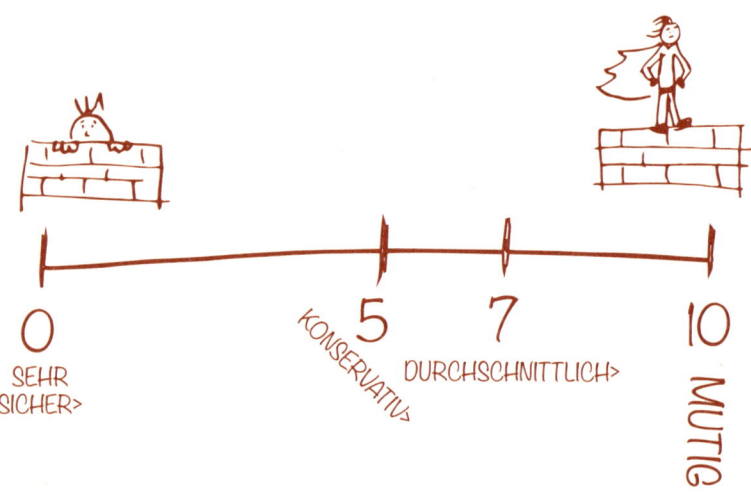

0 — SEHR SICHER>

5 — KONSERVATIV>

7 — DURCHSCHNITTLICH>

10 — MUTIG

* *Die Ideen-Mut-Skala* ist eine gute Methode um zu ermitteln, wie gewagt Ideen sein sollten, bevor man viel Zeit und Mühe aufwendet, um sie umzusetzen.

* Auf den ersten Blick glauben viele Leute, dass alle Ideen so mutig wie möglich sein sollten, aber das stimmt nicht. Viele Unternehmen mögen »mutige« Dinge überhaupt nicht, vor allem bei einer ausgesprochen konservativen Unternehmenskultur.

* Eine Denkrichtung setzt Mut sogar mit hohem Risiko gleich.

* Um also eine passende Skala zu ermitteln, müssen Sie zwei Fragen aufwerfen:
  1. Wie risikofreudig ist die Unternehmenskultur?
  2. Wie mutig sollten vor diesem Hintergrund die Ideen sein?

* Es werden Punktwerte von Null bis Zehn festgelegt, die angeben, ob konservative (5-7), durchschnittliche (7) oder mutige (8-10) Aktionen erwünscht sind.

* Die Punktwerte können auch gemischt werden, um einen Gesamtwert zu schaffen. So müsste z. B. ein konservatives Unternehmen, das mutige Ideen haben möchte, seine Punkteskala nach unten wichten, um den Gesamtkonservatismus widerzuspiegeln.

* Wenn die Durchführung der Ideen näherrückt, hilft die Skala dabei, alle daran zu erinnern, auf welches Maß an Mut man sich geeinigt hatte, und bietet einen Vergleichsmaßstab.

ÜBUNG: *Stellen Sie die zwei Fragen. Falls die Unternehmenskultur recht konservativ ist, reduzieren Sie das erwartete Maß an Mut für die Ideen. Bewerten Sie dann die einzelnen Ideen mit Hilfe der Skala und stellen Sie fest, welche Ideen zu mutig, nicht mutig genug oder gerade richtig sind.*

37. DIE CHANCE-AUF-ERFOLG-ACHSE

NICHT WAHRSCHEINLICH

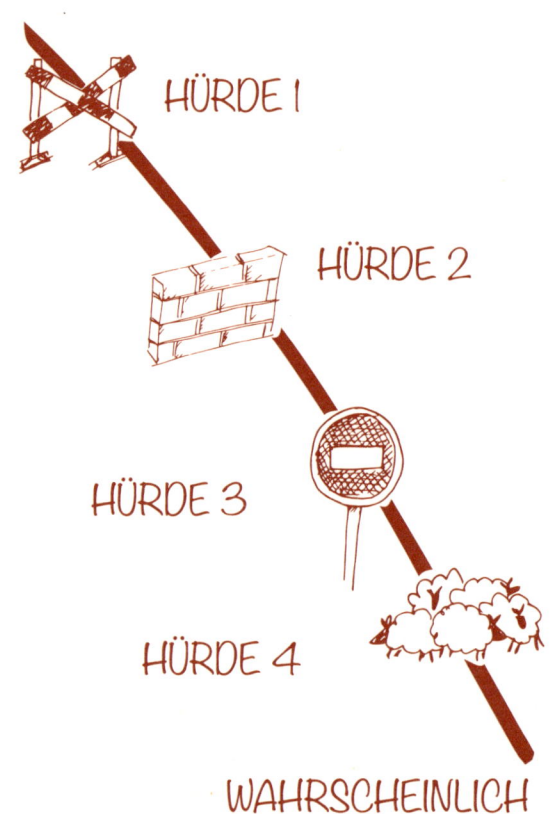

HÜRDE 1

HÜRDE 2

HÜRDE 3

HÜRDE 4

WAHRSCHEINLICH

* Das Maß an Mut in einem Unternehmen kann aber auch anders analysiert werden.

* In der *Chance-auf-Erfolg-Achse* repräsentiert jede Kerbe eine Hürde, also in diesem Fall eine Reihe von Gründen, weshalb die Idee niemals verwirklicht werden wird. Es kann sich um praktische, finanzielle oder persönliche Hürden handeln.

* Denken Sie daran, dass die persönlichen Hürden in einem Unternehmen am stärksten sein können – möglicherweise besitzt ein Manager oder ein Komitee die Macht, die Idee zu blockieren.

* Indem Sie den Prozess der Entscheidungsfindung in einem Diagramm darstellen, können die einzelnen Hürden identifiziert und isoliert werden.

* Anschließend kann ein Plan entwickelt werden, um die einzelnen Hürden abzubauen. Kommt man dagegen zu dem Schluss, dass die Idee niemals befürwortet wird, weil sich zu viele Hürden auftürmen, kann sie fallengelassen werden.

ÜBUNG: *Wählen Sie eine Idee, die Sie für gut halten. Zeichnen Sie mit Hilfe der Achse alle Gründe auf, die das Unternehmen oder Manager an einflussreichen Stellen gegen die Idee vorbringen könnten. Ordnen Sie die Hürden entweder chronologisch oder nach Größe an. Entwerfen Sie dann einen Plan, wie Sie die einzelnen Hürden abbauen könnten. Falls eine Hürde nicht entfernt werden kann, müssen Sie möglicherweise eine Niederlage eingestehen.*

38. DAS ZENTRALE-IDEE-SATELLITENSYSTEM

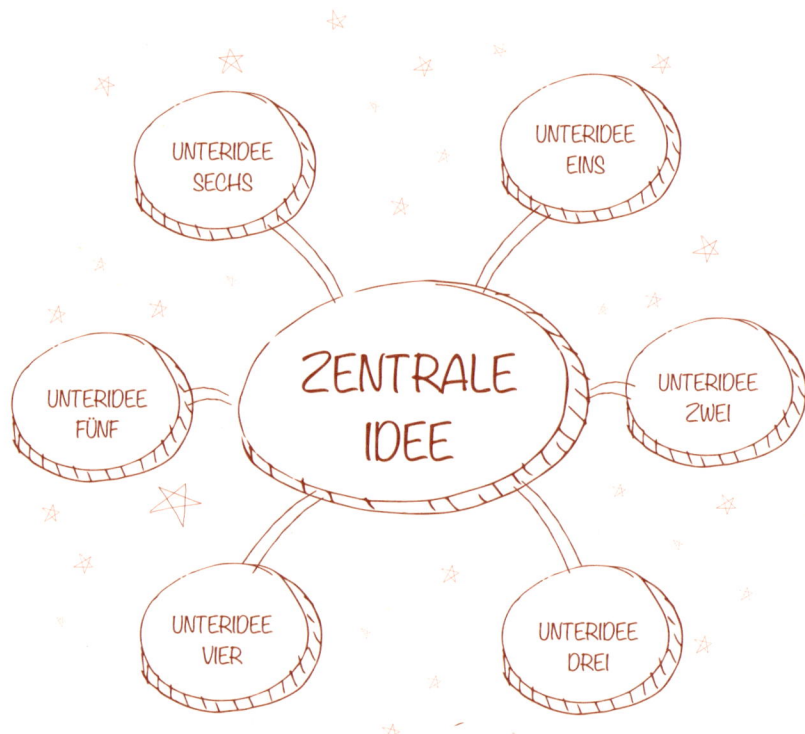

✳ Manchmal ist eine Idee nicht allein, sondern ist mit anderen verknüpft oder enthält eine Reihe von Unterthemen.

✳ Sollte das der Fall sein, können Sie die verschiedenen Teile nach dem *Zentrale-Idee-Satellitensystem* organisieren, bei dem das Layout an Satelliten erinnert, die um einen Zentralplaneten kreisen.

✳ In der Mitte befindet sich die zentrale Idee, die durch den größten Kreis gekennzeichnet ist, um ihre Bedeutung zu betonen.

✳ Um sie herum kreisen kleinere Satelliten – mindestens drei und maximal sechs. Gibt es weniger als drei Satelliten, ist die Idee vielleicht doch nicht so fruchtbar, wie Sie zuerst dachten.

✳ Thematisch müssen die Satellitenideen mit der zentralen Idee verwandt sein.

✳ Nutzen Sie das Diagramm, um anderen die Idee zu erklären. Zeigen Sie eventuell mit Hilfe von Pfeilen, wie bestimmte Einflüsse verlaufen.

ÜBUNG: *Setzen Sie die Hauptidee in das Zentrum des Systems. Stellen Sie eine Liste mit verwandten Unterideen auf. Ordnen Sie sie in kleineren Kreisen um den zentralen Gedanken herum an. Falls Ihnen schnell die Unterideen ausgehen, müssen Sie prüfen, ob die zentrale Idee wirklich so voller Potenzial ist, wie Sie ursprünglich dachten. Nutzen Sie ansonsten das Diagramm, um anderen die Breite und Anwendung der Hauptidee zu demonstrieren.*

39. DIE DREI EIMER

| BRILLANTE GRUNDLAGEN | ÜBERZEUGENDER UNTERSCHIED | ÄNDERN DES SPIELS |

✷ *Die Drei-Eimer*-Übung wurde 2004 von Adam Morgan in seinem Buch *The Pirate Inside* vorgestellt.

✷ Sie ist eine sehr hilfreiche Methode, um Ideen zu beurteilen und festzustellen, welche Rolle sie im größeren Rahmen spielen könnten.

✷ Jedes Projekt muss in einen der drei Eimer gelegt werden.

* Links steht Brillante Grundlagen. Diese repräsentieren »Exzellenz als Standard«. Sie oder Ihr Unternehmen machen das gut, genau wie die Mitbewerber.

* In der Mitte befindet sich Überzeugender Unterschied. Diese Ideen sollten »deutlich besser als normal« sein. Sie sind nachweislich besser als die Ihrer Konkurrenten, aber immer noch nicht wirklich bemerkenswert.

* Ganz rechts steht Ändern des Spiels. Diese Ideen sind »wahrlich außergewöhnlich«. Sie sind im Markt einzigartig und stellen etwas ganz Besonderes dar.

* Diese Übung enthüllt, ob ein ausreichend großer Anteil Ihrer Ideen tatsächlich etwas verändert. Falls zu viele Ideen im linken oder mittleren Eimer landen oder überhaupt keine im rechten Eimer ankommen, sind die Ideen vielleicht nicht gut genug, um weiterzumachen.

ÜBUNG: *Nehmen Sie eine Liste Ihrer Ideen. Untersuchen Sie sie anhand von drei Gruppen von Kriterien und legen Sie sie jeweils in den dafür relevanten Eimer. Schauen Sie sich an, wie viele in jedem Eimer landen. Prüfen Sie, ob das Gleichgewicht stimmt. Nutzen Sie Ihre Erkenntnisse, um schwache Ideen zu verwerfen oder nach besseren zu suchen.*

40. DAS PRÄ-MORTEM

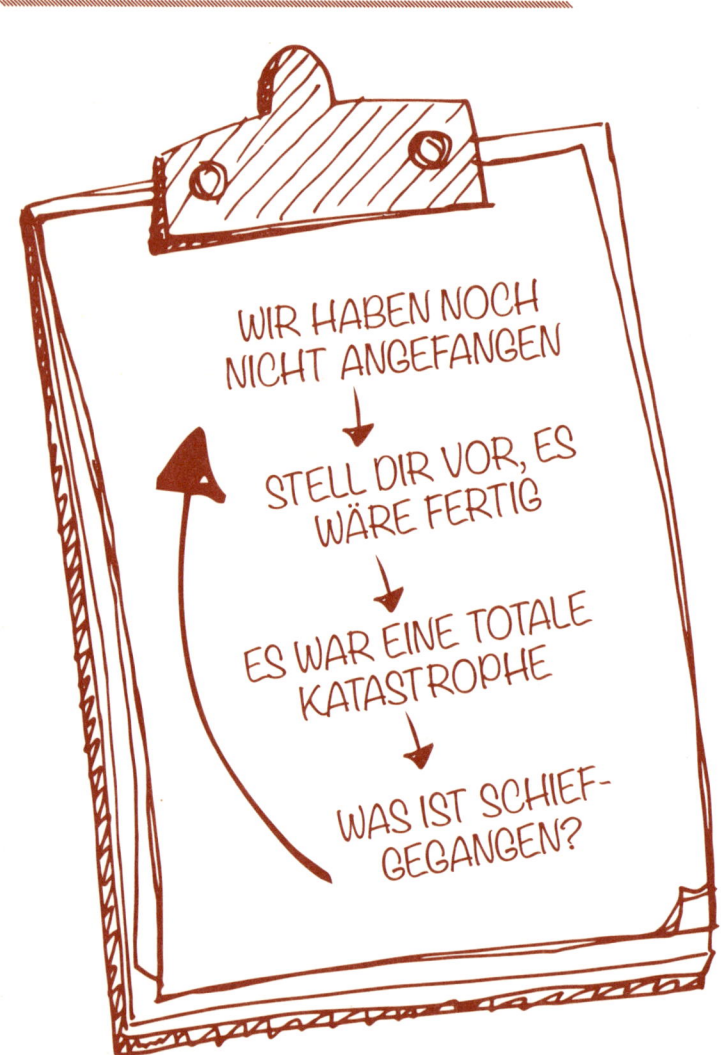

* Das *Prä-Mortem* schließlich stellt eine gute Methode dar, einen letzten Test durchzuführen um zu beurteilen, ob eine Idee eine Weiterarbeit lohnt.

* Es wurde von Gary Klein erfunden und von Daniel Kahneman in seinem Buch *Schnelles Denken, langsames Denken* vorgestellt.

* Das Vorgehen ist einfach: Wenn eine Organisation schon fast zu einer Entscheidung gekommen ist, aber sich noch nicht formell dazu bekannt hat, treffen sich die Entscheidungsträger zu einer kurzen Sitzung.

* Sie sollen sich jetzt vorstellen, es wäre nun ein Jahr später und die Idee sei eine völlige Katastrophe gewesen – dann sollen sie kurz aufschreiben, was passiert ist.

* Wichtig ist natürlich, dass eine solche Überprüfung stattfindet, bevor es zu spät ist, und alle davon überzeugt sind, dass man weitermachen sollte.

* Das *Prä-Mortem* könnte viele Katastrophen vermeiden. Ein Post-Mortem ist im Vergleich dazu sinnlos.

ÜBUNG: *Formulieren Sie die Idee. Stellen Sie eine Liste der Entscheidungsträger zusammen. Beraumen Sie ein kurzes Treffen mit ihnen an. Sie sollen sich vorstellen, dass ein Jahr vergangen sei. Alles wurde gemacht, doch es war katastrophal. Lassen Sie sie eine kurze Zusammenfassung dessen aufschreiben, was schiefgegangen ist. Untersuchen Sie die Ergebnisse um festzustellen, ob die Gruppe einen schwerwiegenden Fehler in der Idee aufgedeckt hat.*

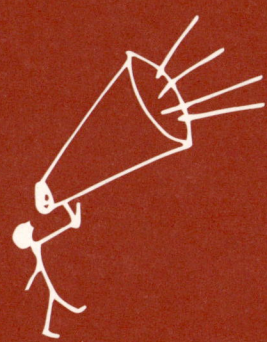

TEIL FÜNF

UMSETZEN

VON IDEEN

EIN HINWEIS
ZUM UMSETZEN VON IDEEN

Das Generieren von Ideen ist eigentlich ganz einfach.

Die Welt ist voller Menschen, die eine »großartige« Idee hatten, diese aber niemals umgesetzt haben.

Eine Idee zu verwirklichen, ist offenbar das Schwierigste.

Teilweise liegt das an Einsatz, Energie und Enthusiasmus der Person oder des Teams, die bzw. das versucht, sie umzusetzen.

Es kann aber auch an der Aufnahmebereitschaft von Kollegen, Auftraggebern, Kunden oder sogar ganzen Unternehmen liegen.

Im letzten Teil untersuchen wir daher, wie man psychologisch die Chancen einer Idee erhöht, tatsächlich in die Tat umgesetzt zu werden.

41. DAS MOTIVATIONS-DREIECK

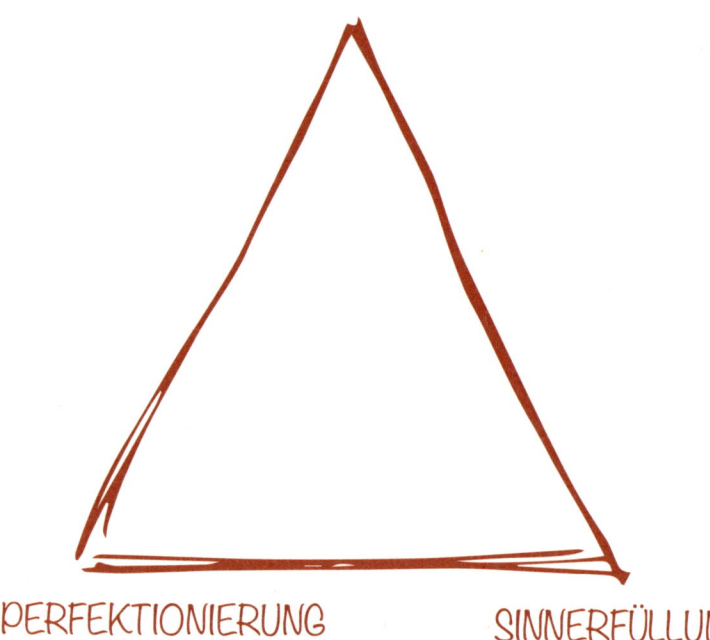

SELBSTBESTIMMUNG

PERFEKTIONIERUNG

SINNERFÜLLUNG

* Es geschieht nichts, wenn sich niemand darum kümmert. Und das bedeutet, dass die Motivation wirksam sein muss und alle gleich engagiert an der Sache arbeiten.

* Das ist einfacher gesagt als getan. In seinem Buch *Drive* reduzierte Daniel Pink das Wesen der Motivation auf drei wichtige Elemente.

* *Selbstbestimmung* ist der Wunsch, über unser Leben selbst zu bestimmen.

* *Perfektionierung* ist der Drang, bei etwas Wichtigem immer besser zu werden.

* *Sinnerfüllung* ist die Sehnsucht, das, was wir tun, im Dienste von etwas zu erledigen, das größer ist als wir selbst.

* Die Menschen, die an der Umsetzung einer Idee beteiligt sind, brauchen eine große Menge an diesen Eigenschaften, damit tatsächlich etwas passiert.

* Stellen Sie mit Hilfe des *Motivationsdreiecks* fest, ob das Team, das die Idee umsetzt, den Wunsch, die Fähigkeit und die Zielstrebigkeit dazu hat.

ÜBUNG: *Stellen Sie fest, was wirklich nötig ist, um die Idee zu verwirklichen. Überlegen Sie, ob das damit betraute Team ausreichend motiviert ist. Fragen Sie andererseits, ob es die Selbstbestimmung, die Perfektionierung und die Sinnerfüllung besitzt, die zur Erfüllung der Aufgabe erforderlich sind. Falls Sie nicht der Meinung sind, überlegen Sie, wie Sie das Team ausstatten und motivieren müssen, um die größtmögliche Chance auf Erfolg zu haben.*

42. DIE WAHRSCHEINLICH-KEIT-DES-GESCHEHENS-PYRAMIDE

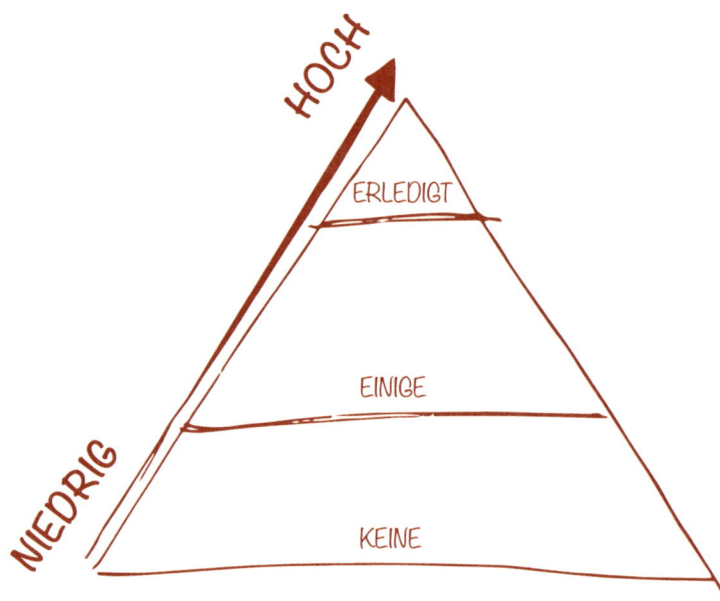

✳ *Die Wahrscheinlichkeit-des-Geschehens-Pyramide* geht von einigen der Ideen aus, die wir im letzten Teil betrachtet haben. Mit ihrer Hilfe kann man feststellen, ob diese Sache gemacht wird oder nicht.

✳ Beginnen Sie mit einer Idee. Besitzt sie eine hohe oder eine niedrige Chance sich durchzusetzen? Ist sie hoch, machen Sie die nächste einfache Sache, um sie durchzusetzen. Ist sie niedrig, dann stellen Sie fest, was gemacht werden muss. Ermitteln Sie notfalls mit der *Chance-auf-Erfolg-Achse* (37) die Hürden.

✳ Stellen Sie mittels der Pyramide fest, wo Widerstände liegen. Ist die Wahrscheinlichkeit für eine Idee »Keine«, denken Sie darüber nach, ob es sich lohnt, sie überhaupt weiter zu verfolgen.

✳ Befinden sich mehrere Ideen in der »Keine«-Schicht, sollten sie sie ganz und gar fallenlassen.

✳ Untersuchen Sie die Ideen in der »Einige«-Schicht um festzustellen, wie sie umgesetzt werden können.

✳ Falls Sie die Pyramide benutzen, um viele Ideen zu überwachen, verschieben Sie Ideen in die »Erledigt«-Ebene, sobald sie abgeschlossen sind.

ÜBUNG: *Wählen Sie eine oder mehrere Ideen, die Sie analysieren wollen. Ermitteln Sie mit Hilfe der Pyramide die Wahrscheinlichkeit ihrer Realisierung. Ordnen Sie sie von Niedrig bis Hoch oder von Keine über Einige bis Erledigt. Ergänzen Sie die Schichten nach Möglichkeit um Mengenangaben und wählen Sie das für Sie einfachste Segment für den Start.*

43. DER VORHERSAGE-
DER-ANNAHME-KEIL

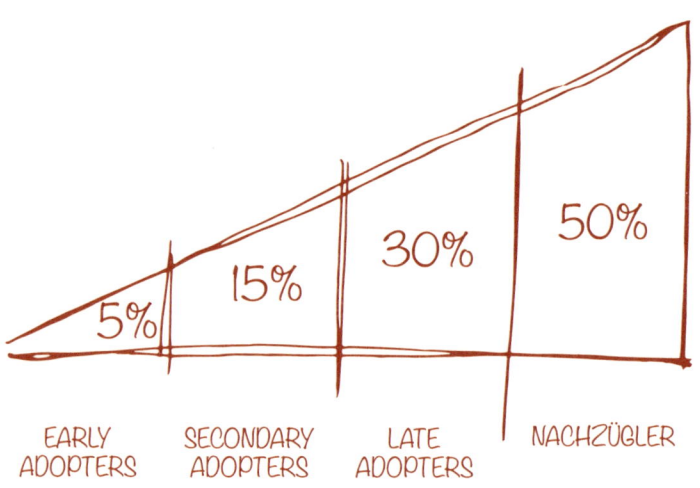

5%

15%

30%

50%

EARLY
ADOPTERS

SECONDARY
ADOPTERS

LATE
ADOPTERS

NACHZÜGLER

ZEIT

* Eine Idee umzusetzen, bedeutet nicht immer, dass alles auf einmal passieren muss. Falls Sie das komplette Paket auf einmal herausbringen wollen, dann vielleicht. Doch genauso hilfreich könnte es sein, einen frühen Prototypen herauszubringen und dann Verfeinerungen vorzunehmen.

* *Der Vorhersage-der-Annahme-Keil* bildet eine praktische Methode um festzustellen, wie sehr die Idee akzeptiert und übernommen werden muss, damit sie wirklich lohnenswert wird. Einige Early Adopters als Fans können den künftigen Erfolg stark beeinflussen.

* In diesem Beispiel untersuchen wir die klassische Annahme-Abfolge eines neuen Produkts oder Trends. Die ersten sind Early Adopters, gefolgt von Secondary und Late Adopters. Zum Schluss kommen die Nachzügler.

* Diese Abschnitte sind am aussagekräftigsten, wenn sie durch Zahlen untersetzt werden. Wenn Sie die Annahme einer Idee abschätzen können, bevor Sie weitermachen, können Sie bessere Entscheidungen treffen oder überzeugender auftreten und so Investitionen und Engagement sichern.

ÜBUNG: *Identifizieren Sie die Typen potenzieller Adopter oder Benutzer der Idee, stellen Sie grob deren Anzahl fest und beobachten Sie diese Werte über die Zeit. Untersuchen, was sie für Bedarf, Nachschub, Ertrag, Profit, Unternehmensressourcen und andere relevante Faktoren bedeuten. Nutzen Sie diese Vorhersagen, um die Umsetzung der Idee vernünftig zu planen oder ihr Tempo den betroffenen Parteien zu erklären, die ihren Erfolg beeinflussen könnten.*

44. DIE IDEEN-PRIORITÄTS-MATRIX

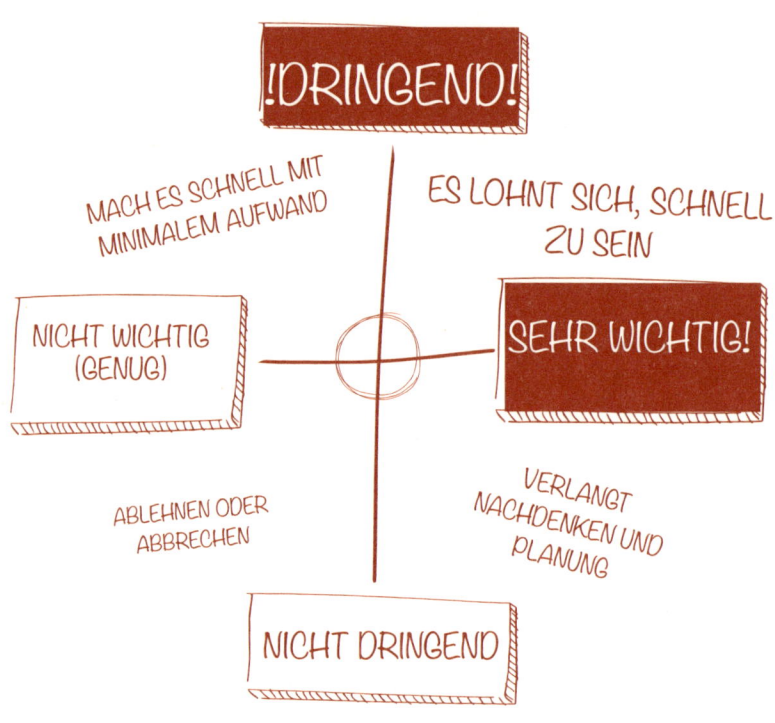

!DRINGEND!

MACH ES SCHNELL MIT MINIMALEM AUFWAND

ES LOHNT SICH, SCHNELL ZU SEIN

NICHT WICHTIG (GENUG)

SEHR WICHTIG!

ABLEHNEN ODER ABBRECHEN

VERLANGT NACHDENKEN UND PLANUNG

NICHT DRINGEND

* *Die Ideen-Prioritäts-Matrix* hilft Ihnen dabei festzulegen, welche Prioritäten Sie den Ideen auf Ihrer Checkliste zuordnen sollten.

* Sie kann auf einen beliebigen Zeitraum angewandt werden – einen Tag, eine Woche, einen Monat oder sogar ein Jahr.

* Die vertikale Achse repräsentiert Dringend/Nicht dringend und die horizontale Achse repräsentiert Sehr wichtig/Im Moment nicht wichtig genug.

* Wenn etwas dringend und sehr wichtig ist, dann sollte es schnell erledigt werden. Die exakte Definition von »schnell« kann natürlich variieren. Beginnen Sie mit heute und ordnen Sie die Aufgaben nach ihrer Priorität an.

* Wenn es dringend, aber nicht wichtig genug ist, dann delegieren Sie es oder erledigen Sie es mit minimalem Aufwand.

* Wenn es sehr wichtig, aber noch nicht dringend ist, müssen Sie überlegen, was Sie tun müssen, und planen, wann Sie es tun wollen. Vermerken Sie den geplanten Zeitpunkt in Ihrem Kalender und halten Sie sich an den Plan.

* Ist es weder dringend noch wichtig, fragen Sie sich, wie Sie es überhaupt machen. Verwerfen Sie diese Ideen nach Möglichkeit.

ÜBUNG: *Nehmen Sie Ihre Liste mit den Ideen. Wählen Sie einen sinnvollen Zeitraum, wie etwa einen Tag, eine Woche oder einen Monat. Zeichnen Sie das Diagramm und platzieren Sie alle Ideen in die passenden Quadranten. Arbeiten Sie methodisch die Aktionen ab, wobei Sie mit den dringendsten beginnen. Nutzen Sie die Matrix, um allen Beteiligten zu vermitteln, wieso die Prioritäten so sind, wie sie hier dargestellt werden.*

45. DER BOX-PLANUNGSPROZESS

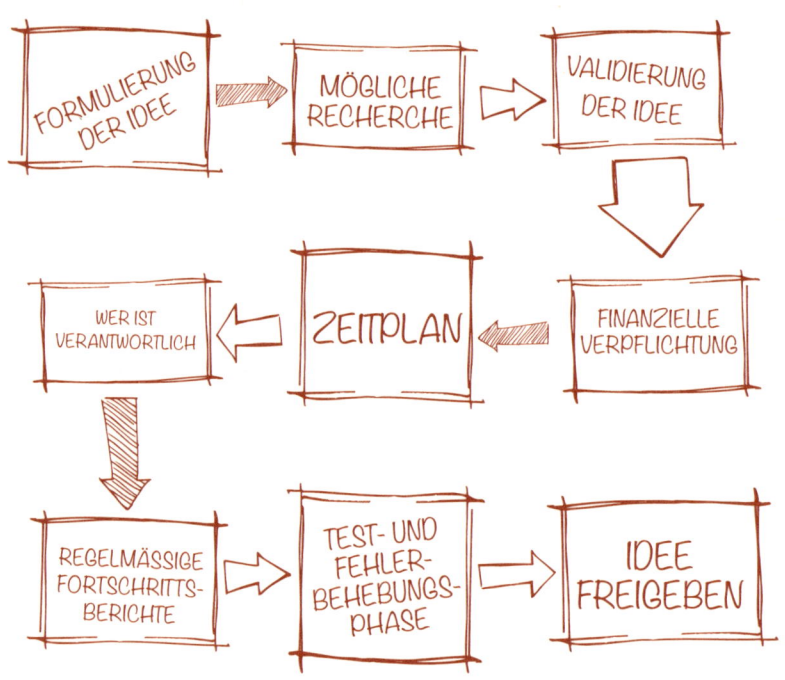

* *Der Box-Planungsprozess* erlaubt es Ihnen festzustellen, wie Sie die Idee in die Tat umsetzen. Er hält alles fest, was gemacht werden muss. Jede Box enthält dabei eine Stufe der Arbeit.

* Die Beschreibungen in den Boxen sollten kurz und klar sein; falls es hilft, kann jeweils noch die Dauer hinzugesetzt werden.

* Die Stufen sind durch gerichtete Pfeile miteinander verbunden, die zeigen, was als nächstes passiert. Die Abfolge muss unbedingt exakt sein.

* In diesem Beispiel gibt es neun Stufen, die von der Formulierung der Idee, der Recherche und Validierung über die finanzielle Verpflichtung, die Verantwortlichkeiten und die Fortschrittsberichte bis zu den Tests und der Freigabe laufen.

* In die einzelnen Boxen können darüber hinaus die Kosten für jede Stufe eingetragen werden, falls der Finanzchef oder Investoren beeindruckt werden sollen.

* Ein solch gut entworfener Prozess sorgt dafür, dass die Idee über Kritik erhaben ist, sie sei »zu kreativ« oder »unscharf«. Schließlich wirkt das Ganze wohlorganisiert.

ÜBUNG: *Nehmen Sie alles, was nötig ist, um eine Idee umzusetzen, entwerfen Sie einen Prozess und teilen Sie ihn in Stufen auf. Platzieren Sie jede Stufe in eine Box und verbinden Sie diese dann mit den Pfeilen. Machen Sie die Beschreibungen so einfach wie möglich. Fügen Sie jeder Stufe Dauer und Kosten hinzu, falls es Ihnen hilft. Bitten Sie einen Kollegen, den Plan zu testen um sicherzugehen, dass er funktioniert.*

46. DER KREISLAUF DER VERANTWORTUNG

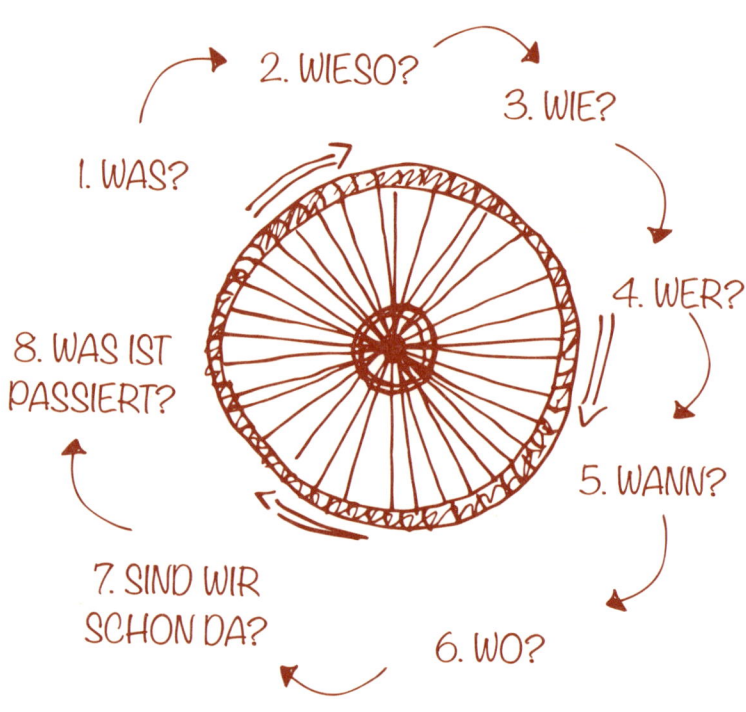

1. WAS?
2. WIESO?
3. WIE?
4. WER?
5. WANN?
6. WO?
7. SIND WIR SCHON DA?
8. WAS IST PASSIERT?

* Wenn man etwas in die Tat umsetzt, bedeutet dies, dass Leute Verantwortung übernehmen müssen. Das können sie nur, wenn sie wissen, worum es geht.

* *Der Kreislauf der Verantwortung* ist ein Prozess aus acht Punkten, die sicherstellen sollen, dass Ideen und Projekte tatsächlich erledigt werden.

* Beginnen Sie mit *Was?* Was tun wir hier? Angenommen, dass diese Frage zufriedenstellend beantwortet wurde, werden die Gründe im *Wieso?*-Abschnitt erklärt.

* Der Kreislauf geht weiter und fragt, wie, wann und wo die Idee umgesetzt wird und wer genau was tun soll.

* Nachdem all diese Elemente befriedigend durchdacht wurden, muss die Person bzw. das Team, die bzw. das für die Durchführung verantwortlich ist/sind, alle interessierten Parteien informieren.

* *Sind wir schon da?* verlangt einen sinnvollen Mechanismus, um Leute über den Fortgang der Arbeiten auf dem Laufenden zu halten. *Was ist passiert?* ist der letzte Bericht oder vielleicht sogar ein Post-Mortem.

ÜBUNG: *Wählen Sie eine Idee, die umgesetzt werden soll. Schreiben Sie die acht Fragen auf. Beantworten Sie sie nacheinander in jeweils maximal einem Satz. Falls Sie auf eine Frage keine zufriedenstellende Antwort generieren können, machen Sie nicht mit den anderen weiter, sondern überlegen Sie, wie Sie das Problem lösen können oder ob Sie die ganze Idee vielleicht verwerfen oder noch einmal überdenken sollten.*

47. DER KREISLAUF DER BEKANNTMACHUNG

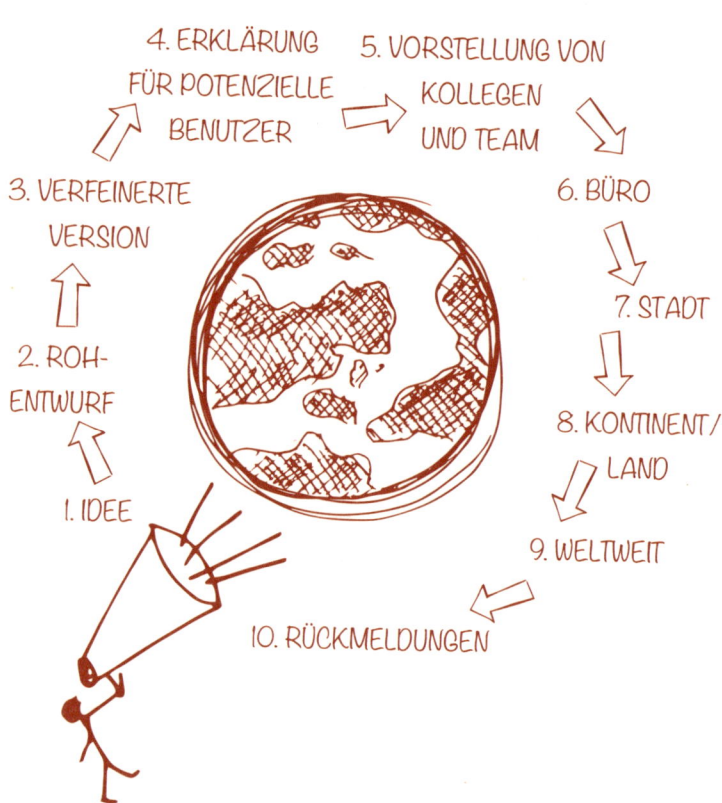

4. ERKLÄRUNG FÜR POTENZIELLE BENUTZER

5. VORSTELLUNG VON KOLLEGEN UND TEAM

3. VERFEINERTE VERSION

6. BÜRO

2. ROH-ENTWURF

7. STADT

1. IDEE

8. KONTINENT/ LAND

9. WELTWEIT

10. RÜCKMELDUNGEN

* Eine geniale Idee ist sinnlos, wenn niemand davon weiß. Das könnte sich sowohl auf Kollegen als auch auf potenzielle Kunden beziehen.

* *Der Kreislauf der Bekanntmachung* hilft Ihnen dabei zu planen, wie die Idee ihren Weg vom Zeichenbrett in die weite Welt findet.

* Generieren Sie zuerst einen Rohentwurf der Idee in einer Form, die von den meisten Leuten leicht verstanden wird. Bei einem sehr speziellen oder technischen Thema stellen Sie unterschiedliche Versionen für unterschiedliche Zielgruppen her und versuchen dann, diese potenziellen Benutzern und/oder relevanten Kollegen zu erklären.

* Sobald die Botschaft klar genug ist, können Sie die Ankündigung ausweiten – vom Büro über andere Städte bzw. die Landesgrenzen hinaus bis vielleicht sogar in die ganze Welt.

* Nutzen Sie Rückmeldungen, um die Botschaft zu verfeinern.

* Planen Sie all das vor dem Start. Entwerfen Sie einen Zeitplan und weisen Sie die Verantwortlichkeiten für die einzelnen Stadien zu.

ÜBUNG: *Schauen Sie sich an, wie die Idee momentan formuliert wird. Stellen Sie sich nun mögliche Zielgruppen vor, die diese Idee verstehen müssen. Generieren Sie so viele unterschiedliche Versionen der Bekanntmachung wie nötig, um alle zufriedenzustellen. Planen Sie nun die effektivste Reihenfolge für die Bekanntmachung. Falls nötig, verwenden Sie den Plan, um anderen zu versichern, dass der Start gut durchdacht ist.*

48. DIE FRÜHE-PANIK-LINIE

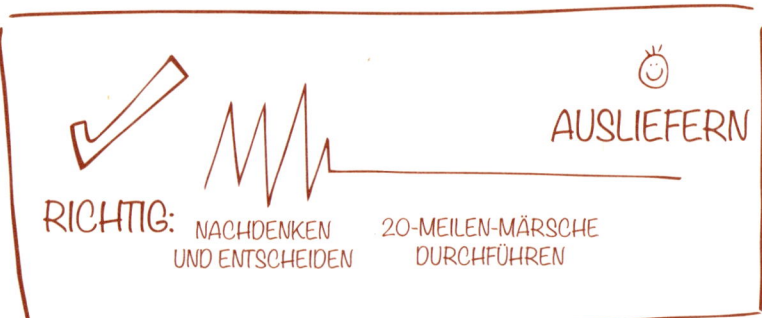

* *Die Frühe-Panik-Linie* fasst die Tatsache zusammen, dass die meisten Leute (und Unternehmen) Dinge zu lange liegenlassen, bevor sie beginnen, eine Idee in die Tat umzusetzen.

* Viele Leute haben sich das in der Schule oder an der Universität angewöhnt.

* Dieser Zeitstrahl hilft dabei, den Geist auf die vor einem liegende Aufgabe zu konzentrieren, wenn noch genügend Zeit ist.

* Dazu untersucht man möglichst früh so viel Material und so viele der wichtigen Probleme wie möglich. Entscheidend ist an dieser Stelle, dass alle Entscheidungsträger anwesend sind, um die einzuschlagende Richtung mit all ihrer Autorität »abzunicken«.

* Sobald die Richtung klar ist, kann man sich an die ordnungsgemäße Erledigung der Arbeit machen. Deren Fertigstellung sollte problemlos möglich sein.

* Man kann das durch eine Reihe von 20-Meilen-Märschen erreichen – ein Konzept, das von Collins und Hansen in ihrem Buch *Great By Choice* vorgestellt wurde.

* Sie erklären, dass Amundsen Scott auf dem Weg zum Südpol geschlagen hat, indem er konsistent 20 Meilen pro Tag marschieren ließ. Bei schlechtem Wetter machte er es sowieso und bei gutem stoppte er nach 20 Meilen, um Kraft für den nächsten Tag aufzusparen. Scotts Team ist an schlechten Tagen entweder in seinen Zelten geblieben oder hat es an guten Tagen übertrieben, so dass für den nächsten Tag weniger Energie blieb.

* Jobs lassen sich am besten konsistent erledigen. Planen Sie das richtige Maß an Aufwand für den richtigen Zeitraum.

ÜBUNG: *Wählen Sie eine Idee, die umgesetzt werden muss. Stellen Sie fest, wer beteiligt sein sollte, um sie abzuschließen, und beraumen Sie so schnell wie möglich ein Treffen an. Entscheiden Sie in diesem Treffen über die Richtung und verkünden Sie sie allen, die sie kennen müssen. Planen Sie dann, welche 20-Meilen-Märsche durchgeführt werden müssen, damit alles geschmeidig über die Bühne geht.*

49. DER PHASEN-
DURCHFÜHRUNGSPLAN

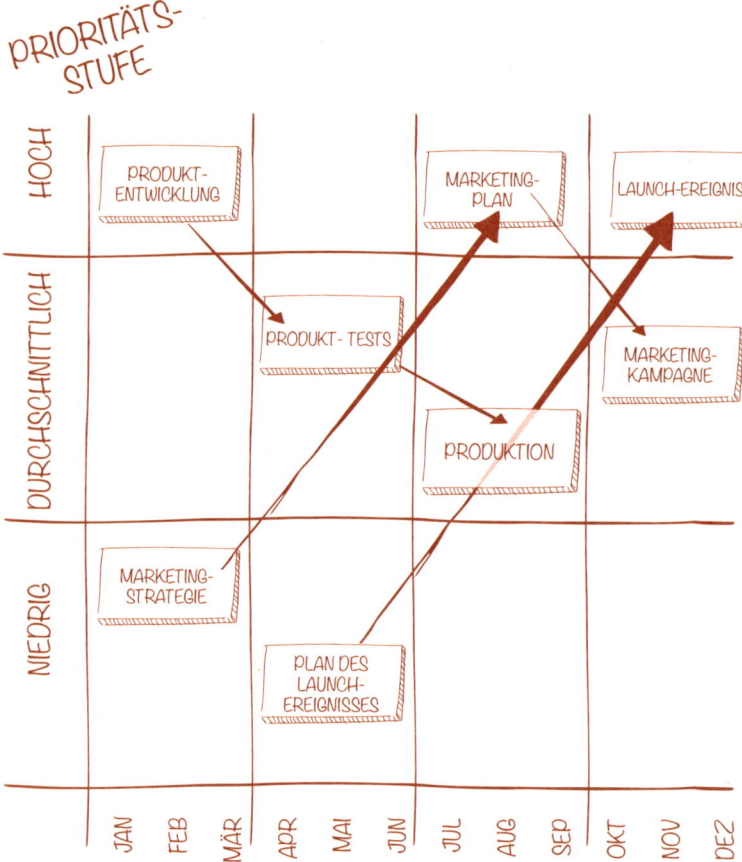

PRIORITÄTS-STUFE

HOCH
- PRODUKT-ENTWICKLUNG
- MARKETING-PLAN
- LAUNCH-EREIGNIS

DURCHSCHNITTLICH
- PRODUKT-TESTS
- PRODUKTION
- MARKETING-KAMPAGNE

NIEDRIG
- MARKETING-STRATEGIE
- PLAN DES LAUNCH-EREIGNISSES

JAN · FEB · MÄR · APR · MAI · JUN · JUL · AUG · SEP · OKT · NOV · DEZ

* Manchmal sind Ideen hochkomplex und es dauert lange, ehe sie fruchten. Nehmen wir an, dass es in diesem Beispiel ein Jahr von Idee bis Launch dauert.

* Das bedeutet, dass sehr viel zu tun ist und viel koordiniert werden muss. Daher kann man nicht erwarten, dass immer alles oberste Priorität besitzt.

* *Der Phasen-Durchführungsplan* stellt all dies ganz einfach dar, so dass jeder weiß, was er wann tun muss.

* Legen Sie zuerst die vertikale Achse an und wählen Sie eine Prioritätsskala. Ich habe in diesem Beispiel Hoch, Durchschnittlich und Niedrig gewählt, Sie könnten aber auch eine 1-10- oder 0-100%-Skala nehmen.

* Zeichnen Sie nun die verschiedenen Stadien ein, die durchlaufen werden müssen, und ordnen Sie sie chronologisch an. Schätzen Sie, wie lange jedes Stadium dauern wird.

* Der entscheidende letzte Teil besteht darin, die Prioritätsstufe zu bestimmen. Diese ändert sich zweifellos im Laufe des Projekts.

* In diesem Beispiel behandeln wir Produktentwicklung, Produktion, Marketing und ein Launch-Ereignis. Gibt es zu viele Variablen, legen Sie eigene Durchführungspläne für jede Disziplin an.

ÜBUNG: *Ermitteln Sie die entscheidenden Elemente des Projekts. Zeichnen Sie einen Plan und wählen Sie eine passende Prioritätsskala sowie Zeitdauer. Versuchen Sie, alle Elemente in einen Plan aufzunehmen. Falls das Ergebnis zu verwirrend ist, legen Sie getrennte Pläne für jedes Element an.*

50. DIE IDEEN-ENERGIE-LINIE

EXTREM — IDEE 1

HOCH — IDEE 2

MITTEL — IDEE 3 — IDEE 4

NIEDRIG — IDEE 5 — IDEE 6

UNTÄTIG — IDEE 7

- ENERGIESTUFE +

* Und schließlich eine Idee, die durch Scott Belsky und sein Buch *Making Ideas Happen* inspiriert ist.

* Die meisten Unternehmen (und Einzelpersonen) sind zu einem Zeitpunkt in viel zu viele Projekte involviert. Daher ist Energie ihre wertvollste Ware. Davon besitzen sie nur eine endliche Menge, so dass sie nicht alles gleichzeitig erledigen können.

* *Die Ideen-Energie-Linie* erfordert, dass Sie planen und festhalten, wie viel Energie die einzelnen Ideen bekommen sollen.

* Beachten Sie, dass diese Einteilung nicht auf der Zeit beruht, die Sie für ein Projekt aufwenden – die Betonung liegt darauf, wie viel Energie zu jedem angegebenen Zeitraum aufgewandt wird.

* Wenn Sie Ihre Ideen auf diese Weise klassifizieren, wirft das die Frage auf, in welchem Maße Sie sich auf die richtigen Ideen konzentrieren.

ÜBUNG: *Stellen Sie eine Liste all Ihrer Ideen zusammen. Platzieren Sie jede Idee in eine der Energie-Kategorien von Extrem bis Untätig. Denken Sie daran, sich auf die Energiestufe zu konzentrieren, nicht auf die aufgewandte Zeit. Verschieben Sie die Ideen, bis alles stimmt. Wiederholen Sie den Vorgang so oft wie nötig, je nach Anzahl und durchschnittlicher Dauer der Projekte. Wenn das Ergebnis Sie erschreckt, sollten Sie vielleicht einige der weniger wichtigen Ideen fallenlassen oder sich auf einen kürzeren Zeitraum konzentrieren.*

ANHANG

QUELLEN DER DIAGRAMME UND WEITERE LESETIPPS

4, 22, 26. *Imagine! Wie das kreative Gehirn funktioniert,* Jonah Lehrer (Beck-Verlag, 2014)

12. *Inside The Box,* Boyd & Goldenberg (Profile, 2013)
   The Accidental Creative, Todd Henry (Portfolio Penguin, 2011)

13, 16, 17, 19, 21, 22. *Flicking Your Creative Switch,* Wayne Lotherington (John Wiley, 2003)

20, 23, 27. *The Art Of Creative Thinking,* John Adair (Kogan Page, 1990)

24. *Where Good Ideas Come From,* Steven Johnson (Penguin, 2010)

25. *Überflieger,* Malcolm Gladwell (Piper, 2010)
   Antifragile, Nassim Nicholas Taleb (Allen Lane, 2012)

28. *Eating The Big Fish,* Adam Morgan (John Wiley, 1999)

39. *The Pirate Inside,* Adam Morgan (John Wiley, 2004)

40. *Schnelles Denken, langsames Denken,* Daniel Kahneman (Siedler, 2012)

41. *Drive,* Daniel Pink (Canongate, 2009)

48. *Great By Choice,* Collins & Hansen (2011)

50. *Making Ideas Happen,* Scott Belsky (Portfolio, 2010)

Weitere Details und Beispiele finden Sie in den folgenden Büchern:
Small Business Survival, Kevin Duncan (Hodder & Stoughton, 2010)
So What?, Kevin Duncan (Capstone, 2008)
Das Buch der Diagramme, Kevin Duncan (Midas, 2013)

EIN HINWEIS ZU DEN DIAGRAMMEN

Fans von »Das Buch der Diagramme« werden feststellen, dass daraus eine Reihe von Diagrammen in diesem Buch stammen, aber andere Informationen zeigen. Das ist Absicht. Der Trick bei guten Diagrammen besteht nicht so sehr darin, ständig neue zu erfinden, sondern neue Anwendungen für bestehende Diagramme zu finden.

DANKE FÜR EURE KOMMENTARE

Ant Hill, Carmen Marrero, Katy Clarkson, Laura Robinson, Stuart Butler, Tim Rich.